ENTENJÄGER UND DUMMYTRÄGER

RETRIEVER GESCHICHTEN

Buchidee von Carsten Schröder, umgesetzt von Verena Begemann

GELEITWORT ~

NICOLE CLOUTH · GRÄFIN VON SPEE
1. Vorsitzende des Deutschen Retriever Clubs e.V.

„Ein Leben ohne Hund ist ein Irrtum!"

meint Carl Zuckmayer und beschreibt mit einem Satz treffend und prägnant den Zustand, der sich einstellt, wenn man seinen Alltag und sein Leben mit Hunden teilt.

Bunte und vielfältige Geschichten hat Carsten Schröder in seinem Buch zusammengetragen. Auf unverwechselbare und ganz persönliche Art beschreiben sie das Einzigartige und Besondere, das das Zusammenleben mit dem besten Freund des Menschen ausmacht. Ob als unverzichtbarer Alltagsbegleiter, als Jagd- oder Trainingspartner, als Freund und Kumpel – Hunde bereichern unser Leben: Es wird aufregender, lebendiger und bunter. Und wer könnte das besser und treffender beschreiben, als die Menschen, die sich selbst auf das Abenteuer Hund eingelassen haben.

Bereits zum zweiten Mal ist es Carsten Schröder gelungen, Menschen, die er bei seiner Tätigkeit als Richter im Deutschen Retriever Club e.V. trifft, für die Idee seines Buches zu begeistern und ihm ihre Geschichten zu erzählen. Erneut wird der Verein Vita Assistenzhunde e.V. unterstützt, der Menschen mit körperlicher Behinderung einen Assistenzhund zur Seite stellt, und ihnen so zu mehr Unanhängigkeit und Lebensqualität verhilft. So wie die Golden Retriever-Hündin Fay, die das Leben von Thomas Riehl auf ganz besondere Art und Weise bereichert. Auch ihre Geschichte wird hier erzählt.

INHALT ~

Karin Manner-Timm mit Chessapeak Bay-Rüde Socks

SONNTAGNACHMITTAG

Draußen ist es windig, regnerisch und grau, Zeit für einen heimeligen Sofanachmittag. Ich habe mir also eine schöne Kanne Tee gemacht und mich, die neue Kuscheldecke und ein Buch auf die Couch gepackt. Gemütlich soll der Nachmittag werden und ruhig.

Es dauert nur ein paar Sekunden, da kommt der erste Hund. Rauf aufs Sofa, an mich gekuschelt, mit einem zufriedenen Seufzer schließt FILOU die Augen. Natürlich lassen die beiden Schwarzen nicht lange auf sich warten. Hopp, rauf, Kuschelstellung eingenommen und ruckzuck eingeschnarcht. Ich schlage mein Buch auf und lese die ersten Sätze, bin sofort gefesselt und freue mich auf eine ausgiebige Lesesession. Da betritt der Chessie den Raum. Der Chessie ist namentlich eigentlich SEDGEGRASS SOCKS.

Mit hocherhobenem Schwanz steht er da, begutachtet die Lage, betrachtet uns ... und stellt dabei fest, dass die besten Plätze auf der Couch belegt sind. Die Anstrengungen seiner grauen Zellen sind förmlich spürbar.

Er umrundet scheinbar desinteressiert das Sofa, setzt sich vor die Glasfront und gibt ein Konzert zum Besten. Er gurrt und singt, wie es Chessieart ist, und konzentriert seine Anstrengungen auf ein imaginäres Subjekt im Garten. Ich stelle meine Ohren auf Durchzug und blättere um. Die anderen Hunde fallen nicht darauf rein und schnarchen weiter. Daraufhin versucht das Chessietier, unter das Sofa zu kriechen – er hat immer noch nicht kapiert, dass er für solche Möbelstücke schon viel zu groß ist –, um einen vergessenen Knochen hervorzufischen.

Dies geht aber nur mit einem Riesengetöse vonstatten. Er untermalt seine Bemühungen mit kreativem Singsang und vollem Körpereinsatz. Wir werden samt Sofa ein paar Zentimeter gerückt.

_ _ *Heimeliger Sofanachmittag mit Folgen.*

Socks platziert sich nun mit dem Knochen vor unserem Sofa und wirft mit dem Teil um sich, schuppert sich auf dem Rücken und wirft uns scheele Blicke zu. Natürlich dauert es nicht lange, bis der Knochen einen schlafenden Hund aufs Hirn trifft. Bonnie fährt verwirrt hoch, fängt an zu bellen, und das ist das Startsignal für den Chessie. Endlich Action!

Er springt auf Bonnie, drückt sie zu Boden und schleckt ihr hingebungsvoll Ohren und Gesicht ab. Mittlerweile sitzen die beiden anderen Hunde auf dem Sofa und schauen der Darbietung interessiert zu.

Bonnie strampelt und wendet angeekelt das Gesicht ab. Socks lässt sich nicht beirren und erledigt mit aller Sorgfalt und Hingabe seine Fürsorgepflichten. Bei der Wälzerei auf dem Boden stoßen sie die Wasserschüssel um und nun beginnt der Chessie, mit der Metallschüssel um sich zu werfen.

Seufzend lege ich mein Buch weg und schon sitzt der Chessie freudestrahlend auf meinem Schoß und versucht sogleich, unter meine Decke zu kriechen. Das kann er natürlich nicht normal machen, sondern er werkt dabei sämtliche Decken und Kissen um. Angesichts der Ungemütlichkeit stehen die drei Labis auf und verlassen geschlossen das Wohnzimmer. Der Chessie belegt mittlerweile das komplette Sofa und ich krieche vor ihm auf dem Boden rum und wische das Wasser auf!

Und? Wie verlaufen Ihre Sonntage so?

Daniela Klose mit Golden-Rüde Barny

AUTOBAHN KANN JEDER

Seitdem ich denken kann, wünschte ich mir einen Golden Retriever. Dann war es endlich so weit, es passte alles und so langsam sollte die Züchtersuche beginnen. Die Dummyarbeit stand ganz oben auf meiner Wunschliste. So fing ich an, in die Retrieverszene hineinzuschnuppern, meldete mich als Helfer für Workingtests und stand mit leuchtenden Augen im Gelände, wenn die grünen Säckchen gerettet wurden. Als ich das erste Mal eine perfekte Arbeit beim Einweisen beobachten konnte, hatte ich eine Gänsehaut und war mir sicher, das möchte ich auch können.

Also surfte ich abends wieder durch die einschlägigen Retrieverseiten im Internet, stieß auf die Vermittlung von älteren Hunden und da saß er – mein Hund. Ich habe sein Foto gesehen und wusste genau: Der Kerl da, der ist für mich bestimmt.

Man kann das Gefühl schlecht beschreiben, aber es fühlte sich einfach genau richtig an. Nach Rücksprache mit der Züchterin konnten wir BARNY besuchen. Er kam mit fünf Monaten zu ihr zurück und entsprechend vorsichtig war sie bei der Wahl seines neuen Zuhauses. Wir besuchten ihn deshalb einige Male, und als sicher war, dass er zu uns passt, durften wir ihn mitnehmen. Unsere Findungsphase lässt sich am besten so beschreiben: Ich sagte links – BARNY ging rechts. Ok ... Langweilig sollte uns sicher nicht werden!

So gut gerüstet, starteten wir unsere Spaziergänge mit tollen Dingen wie Verstecken im Wald als Bindungsspiele und Leckerlibäume im Gelände wachsen lassen. Tja all das wurde, wenn er gekonnt hätte, von BARNY müde belächelt. Ich hatte anscheinend andere Bücher bezüglich der optimalen Bindungsfindung gelesen als BARNY. Sein Lebensmotto zu dieser Zeit lautete: Die Welt gehört mir! Nix zu spüren von: Kleiner Retriever in der großen, weiten Welt braucht Führung ...

Wir hatten zu diesem Zeitpunkt das Glück, eine Trainerin kennenzulernen, die sich unser annahm. Als Erstes wurde die Erwartungshaltung von Frauchen heruntergeschraubt – na ja, nennen wir es eher in den Keller verfrachtet. Barny und ich fingen ganz von vorne an. Feuer und Arbeitseifer hatte mein Hund durchaus – nur leider nicht gemeinsam mit mir.

Sobald die Leine ab war, konnte man meist einen kleinen, goldenen Punkt am Horizont erkennen. Als wir diese Baustelle halbwegs im Griff hatten, fiel dem Herrn ein, sich in die Hündin der Trainerin zu verlieben. Jetzt hieß es, sobald die Leine ab war: „Herzdame, ich komme!" Na ja, der Radius wurde immerhin etwas kleiner. Kleiner hieß allerdings nicht weniger anstrengend. Meine neue Hauptaufgabe bestand nun darin, dem Loveboy konsequent zu vermitteln: Dein Plan ist so nicht erwünscht. Der Ausspruch *Hartnäckig im Verfolgen seiner Ziele* hat in dieser Zeit eine völlig neue Bedeutung für mich bekommen.

Es gab Zeiten, da bin ich weinend nach dem Training nach Hause gefahren, interessierte sich der Herr doch für alles und jeden, nur nicht für mich.

Bei allen klappten die Übungen immer besser, nur Barny und ich waren das Klassenclown-Team. Und vom Arbeiten mit den grünen Leinensäckchen waren wir beide meilenweit entfernt. Die Dummys wanderten in die hinterste Ecke. Als der Frust immer größer wurde, gönnte ich mir eine Auszeit in Dänemark. Eine Woche durchatmen und einfach mal gar nichts machen. Hier gingen wir direkt an den Strand – ich saß heulend im Sand und Barny legte genau in diesem Moment seine Pfote auf mich, als wollte er sagen: „Hey Frauchen, das bekommen wir hin, versprochen."Das war das Signal für mich, nochmals ganz von vorn anzufangen.

Die Grundsignale wurden noch einmal neu aufgebaut und alle Dummybasics statt mit Dummys mit Keksen geübt. Ab diesem Zeitpunkt, an dem ich angefangen habe, meinen Hund so zu nehmen, wie er ist, und ihm so die nötige Sicherheit zu geben, konnte man erkennen, was es heißt, gemeinsam zu arbeiten. Und das Schönste: Wir hatten gemeinsam Spaß!

Die Barny-Ideen blieben natürlich nicht ganz aus: So konnte es passieren, dass man bei der Wasserarbeit völlig relax am Rand stand, nachdem Hund eingesprungen war, in der Annahme, dass dank Sicherungsseil am Dummy sich nichts mehr im Wasser befand, Barny einem jedoch genau das Gegenteil bewies. Kurz tauchend kam er stolz wie Oskar mit einem riesigen Gummi-

_ _ *Ein Leben mit Hund wird nie langweilig!*

reifen wieder zum Vorschein mit siegessicherer Miene: „Siehste Frauchen, daaaa war dooooch was. Guuuuuut, dass ich nicht auf dich gehört habe – alles Anfänger hier." So viel dazu …

Schrittchen für Schrittchen haben wir uns unseren Weg gemeinsam erarbeitet. Dabei wurden wir von vielen Menschen unterstützt, die mir immer wieder Mut gemacht haben.

Gelernt habe ich auch, auf mein Bauchgefühl zu hören, und BARNY bestätigt mir jeden Tag, wie richtig das ist. Mein Motto wurde irgendwann: Autobahn kann jeder – wir nehmen die Trampelpfade, auch wenn es etwas länger dauert. Vieles macht BARNY besonders, und ich bin froh voller Stolz sagen zu können: „Genauso und kein bisschen anders – das ist mein Herzhund."

REICH *sind nur die,*

die **wahre**

Freunde

haben.

- THOMAS FULLER -

_ _ *Retriever sehen die Welt entspannt ...*

_ _ *und stecken voller Ideen.*

DUMMY A

Nach einer überaus frustrierenden Erfahrung auf einer Dummy-Einsteigerprüfung hatte ich beschlossen, mit meinem CARLO nur noch zum Spaß zu arbeiten. Aber dann kamen diese Stimmen: „Vergiss Dummy-Prüfungen! Auf Workingtests musst du gehen! Die sind toll und spannend!" Na gut, dann geh ich eben auf Workingtests. Aber leider gab es hier ein Handicap: Die Dummy A musste erst bestanden werden.

Also Termin in erreichbarer Nähe gesucht, Meldung abgeschickt, auf Warteliste gelandet, eine Woche vor der Prüfung nachgerückt, total aufgeregt!

Um acht Uhr morgens sollte man am Treffpunkt sein. 200 km hatte ich zu fahren. 5 Uhr aufstehen. Was ist, wenn es einen Stau gibt, ich mich verfahre, das Benzin ausgeht, der Motor streikt? Ich beschließe, ganz entspannt am Vortag loszudüsen und für mich und den CARLO eine Übernachtungsmöglichkeit in der Nähe des Prüfungsortes zu suchen. Die gebuchte Pension entpuppt sich als wunderschöner Landgasthof mit erstklassigem Restaurant. Vielleicht würde ja ein köstliches Abendessen zum Abbau der minütlich steigenden Nervosität beitragen.

Ein Aperitif vorneweg? Gerne! Wein zum Hauptgang? Gerne! Kleiner Absacker zum Schluss? Gerne!

Kurz vor Verlassen der gastlichen Stätte treffe ich noch andere Hundeleute, man kommt ins Gespräch. „Wie wäre es mit einem kleinen Getränk an der Bar?" Gerne! Äußerst beschwingt mache ich zu späterer Stunde noch einen kleinen Lösegang mit dem CARLO, bevor es zügig in unser Bett geht.

Am Prüfungsmorgen: Kopf wie ein Dampfhammer, unausgeschlafen, gesamten Wasservorrat aus Minibar geleert, furchtbar aufgeregt, ein halbes Marmeladenbrötchen geschafft. Nur dem CARLO geht es gut. Beim Sammelpunkt sind bereits zahlreiche Mitstreiter mit ihren Hunden eingetroffen. Es ist lausig kalt, nass und sehr windig. Startnummern werden verteilt und der Richter verkündet, dass er zunächst die F-Hunde prüft. Ich hole den CARLO aus dem Auto und lasse ihn ein bisschen laufen. Aber er läuft komisch – er lahmt vorne links.

Pfote untersucht – nichts! Den F-Leuten zugeschaut! Hund wieder aus dem Auto – lahmt immer noch! Heißer Kaffee wird angeboten, nehme aber keinen (kein Dixie in der Nähe, Wald ist Prüfungsgelände, alle Gebüsche sind bevölkert mit Hundeleuten).

Inzwischen ist Mittag. Ich habe Hunger und Durst, mein Kopf hämmert, bin total durchgefroren, mein Hund läuft immer drei Meter, um dann stehen zu bleiben und sich an der Pfote rumzubeißen. Das ist der Moment, in dem ich beschließe, nach Hause zu fahren. Im Auto stelle ich die Heizung auf höchste Stufe und ab geht`s. Mit zunehmender Wärme kommen die Lebensgeister zurück: Der ganze Aufwand, ohne es wenigstens versucht zu haben?

Zurück am Prüfungsgelände: Die F ist fertig, Richter hat Mittagspause beendet, die A ist dran. Ich esse drei Schokoriegel, trinke Kaffee mit viel Zucker, CARLO bekommt ein feines Leckerchen und pörkelt nicht mehr an seiner Pfote herum.

Dann sind wir dran: Verlorensuche – super! Appell – in Ordnung (Fußgehen hätte besser sein können)! Landmarkierung – prima! Wassermarkierung – kein Problem! Wir sind durch!

Springe mit meinem Hund über die Wiese, spendiere sämtliche Leckerchen und könnte jeden umarmen. Später bei der Siegerehrung: 3. Platz für uns. Ich bin überglücklich und wahnsinnig stolz auf meinen Hund. Auch die Kopfschmerzen sind weg. Workingtests, wir kommen!

FEY'ERIA

... oder wie die Labradore zu ihren Fellfarben kamen.

Die Sonne hatte den Morgentau schon lange verjagt und die Amseln waren bereits damit beschäftigt, den Regenwürmern mit ihrem Getrampel den Regen vorzugaukeln, als die Terrassentür des Einfamilienhauses sich öffnete und sechs putzmuntere, schwarze Labradorwelpen den Garten stürmten. „Lasst mich vorbei, ich will der Erste sein!" „Nie und nimmer, du lahmes Ei, ich bin schneller als du!" „Ihr?! Ihr ward bisher immer langsamer als ich, also stellt euch hinten an und findet euch damit ab, dass das weibliche Geschlecht mit mir die Nase vorn hat!" „MIA, lass uns in Ruhe, du... du... du Labradoremanze!" „Boah, na warte, das nimmst du zurück!"

Und so war es schlagartig mit der landhauskatalogfähigen Gartenidylle vorbei, als die sechs schwarzen Zwerge sich wie eine Sturmflut Richtung Rasen bewegten und ebenso, wie selbige, im Begriff zu sein schienen, alles niederzumachen, was sich ihnen in den Weg stellte.

Wären die Sechslinge ausgewachsen gewesen, hätte mit Sicherheit die Erde gebebt. So aber fiel nur das Teelicht vom mehrfach gerammten Gartentisch herunter und die Gießkanne, welche der schwarzen Naturgewalt eigentlich nichts getan hatte, außer eben nicht sechs Meter von der Flutrichtung entfernt abgestellt worden zu sein, schlug beeindruckende Salti und zog sich multiple Hämatome zu – Letzteres zumindest, wenn sie gekonnt hätte.

Die Amseln flüchteten schimpfend auf die Obstbäume, und das Gepolter der malträtierten Gießkanne fand gerade ein jähes Ende, als eine hektische, genervte Frauenstimme mit „HERBERT, hast du heute Morgen die heruntergefallenen Zwetschgen aufgesammelt?", das ganze Szenario stimmlich unterstrich. „Nein, Schatz, das muss ich noch machen!", schallte es aus dem Haus zurück, und so packte sich Schatz in olympiaverdächtiger Geschwindigkeit einen Eimer, mimte die Nachwelle der dunklen Sturmflut und hechtete mit einem NEIN, PFUI, AUS hinter den Welpen her. Diese wiederum waren längst am alten Zwetschgenbaum angelangt und hatten damit begonnen, den Auftrag *zwetschgenfreier Boden* in Labbi-Manier in die Tat umzusetzen. Nun ja, man kann sagen, dass am Ende jeder etwas abbekommen hat: die sechs – natürlich ausgehungerten – Welpen, der Zwetschgeneimer und HERBERT.

Nun schaute auch PATTY von der Terrassentür heraus in den Garten, zeigte jedoch keinerlei Anstalten, zu ihren Welpen zu gehen. PATTY war mit ihren fünf Jahren, dem rabenschwarzen, glänzenden Fell und den mandelförmigen Augen, welche im Sommerlicht in verschiedenen bernsteinfarbenen Nuancen funkelten, eine typische Vertreterin ihrer Rasse und eine besonders hübsche Labradorhündin dazu.

Es war nicht ihr erster Wurf, und so war sie froh, von den Kleinen eine kurze Auszeit genießen zu können. Dafür ließ sie auch gerne die Zwetschgen liegen und machte es sich lieber auf der Hundeliege direkt vor den Rosen am Terrassenende gemütlich. Von hier konnte sie ihre Kinderschar überblicken und, wenn sie sich still verhielt, von ihnen unentdeckt erstmal Siesta halten.

Doch da purzelte plötzlich etwas Gelbes aus dem Wohnzimmer in den Garten hinaus, blieb vor dem Tisch stehen, hielt die Nase in den Wind und bog rechts zum Rosenbusch ab.

Unter angestrengtem Welpengestöhne kämpfte sich der kleine, gelbe Wurm auf die 30 cm hohe Hundeliege und brach mit einem tiefen Seufzer direkt auf PATTYs Kopf zusammen. „Boah, BILL, geh runter von mir, spiel mit deinen Geschwistern!" BILL, der siebte Welpe und die Special Edition des Wurfes, hob sich von allen anderen ab: Er hatte eine schöne, goldgelbe Fellfarbe, war ruhiger, dabei aber nicht weniger temperamentvoll als die anderen, und er legte seine Prioritäten meist anders fest, als es seine Geschwister taten. So fand er momentan Kuscheln eben lohnenswerter, als Zwetschgen zu fressen oder im Garten zu toben – zum Leidwesen von PATTY. „BILL, geh runter!"

„Ich will aber nicht, ich lieg hier lieber bei dir, Mama!" „Du Mamasöhnchen", zischte MIA, die alles mitbekommen hatte und mittlerweile neben der Liege stand. Sie biss BILL in die Rute und zerrte knurrend daran, bis dieser aufsprang und Mia durch den Garten jagte. „Endlich Ruhe",

_ _ *Farbenvielfalt: In gelb...*

dachte sich Patty, drehte sich auf den Rücken, streckte ihr schon gut abgeschwollenes Gesäuge in die angenehm strahlende Augustsonne und döste unter dem Spielgeknurre ihrer auf dem Rasen tobenden Sprößlinge langsam ein.

„Gelb wie Eiter, gelb ist der Bill, Bill den keiner will!", ertönte es als Gruppengedicht durch den Garten und riss Patty aus ihrem kurzen Schlaf. Auf dem Rasen unter den Bäumen sah sie, wie ihre schwarzen Welpen Bill im Halbkreis umstellt hatten und wieder einmal ärgerten.

Bill selbst blieb ohne Kommentar, sah aber sichtlich mitgenommen aus. Schnell sprang Patty auf, rannte auf ihre Streithähne zu, welche sie nicht sehen konnten, da sie Patty im Rücken hatten, und rempelte einen nach dem anderen um. Vor lauter Schreck jaulten einige auf und wollten wegrennen. „Hiergeblieben! Was fällt euch ein, ich habe euch schon einmal gesagt, dass ihr das lassen sollt!" Patty stand neben Bill und leckte ihm über den Kopf. „Legt euch hin und hört gut zu, ich erzähle euch eine Geschichte von unseren Ahnen – sie wird euch helfen zu verstehen."

_ einmal in braun...

Vor langer Zeit gab es in den schottischen Highlands ein Liebespaar. Es war nichts Besonderes an ihnen – er war ein stattlicher, schwarzer Labrador-Rüde und sie eine ebensolche lackschwarze Hündin.

Doch als ihre Babys zur Welt kamen, hatten nicht nur ihre Züchter, sondern auch die beiden selbst viel zu bestaunen. Es waren genau drei Welpen, alles Rüden und alle gesund und munter.

Jedoch war einer schwarz, einer gelb und einer braun. Sowas hatte es bis dato bei den Labradoren nicht gegeben. Immer waren sie schwarz gewesen. Aber gelb und braun? Das war neu und für alle Beteiligten gewöhnungsbedürftig. Die Kleinen wuchsen heran, und schnell stellte sich heraus, dass nicht nur ihre Fellfarbe sehr unterschiedlich war – sie waren generell so verschieden, wie es mehr nicht hätte sein können.

AVON, der schwarze Rüde, war ein Draufgänger. Immer mit dem Kopf durch die Wand, dabei immer ernst, sehr temperamentvoll und mutig. Man könnte sagen, er hatte ein hitziges Gemüt.

BEN, der gelbe der Drei, war der Denker. Er schaltete immer erst seinen Kopf ein und dann seine Beine. Er liebte mittägliche Ruhe und war sehr anlehnungsbedürftig und mochte es, zu kuscheln. TURK hingegen, der braune Welpe, war der Clown der Truppe. Immer in Bewegung, immer unkoordiniert und scheinbar zu keinem ernsten Gedanken im Stande. Er war nicht nur zu jeder Schandtat bereit, er beging auch regelmäßig welche – jedoch immer unfreiwillig.

Avon, Ben und Turk waren zwar Brüder, jedoch nur auf dem Papier. Ihre Unterschiedlichkeit hatte sie schon früh immer wieder aneinandergeraten lassen, und so waren alle drei froh, als sie mit acht Wochen zu ihren neuen Besitzern kamen, denn sie wollten nichts mehr voneinander wissen.

AVON kam zu einem Fischer und half diesem tatkräftig bei seiner Arbeit. Er holte Netze rein, sprang ausgebüchsten Fischen hinterher und liebte es, im Dory, dem kleinen Fischerboot, mit auf den See zu fahren. BEN hingegen kam zu einem Jäger, der ihn sowohl auf Enten und Kaninchen, als auch auf Rehe ausbildete. Die beiden verbrachten viele Stunden im Wald oder am Wasser auf der Lauer und waren eines der erfolgreichsten Jagdgespanne der Umgebung. Wer Wildfleisch haben wollte und bei den beiden bestellte, der musste nicht lange darauf warten.

TURK wiederum konnte sein Multitalent als Bauernhund ausleben. Er kam zu einer Bauernfamilie, durfte die Kinder bespaßen, Haus und Hof auf seine, ihm eigene Art bewachen – Fremde wurden einfach freudig über den Haufen gerannt – und mit Herrchen auf dem Trecker die Saat ausbringen und die Ernte reinholen.

Alle drei hatten ein für sich perfektes Leben erwischt und waren glücklich damit, wenn das Schicksal ihnen nicht von Anfang an einen Streich gespielt hätte: Denn so schön alle drei es jeweils hatten, sie wohnten alle am gleichen See, nicht weit voneinander entfernt. Und zu allem Überfluss konnten sich ihre Besitzer genauso wenig leiden wie die Labradorbrüder selbst. Streitigkeiten waren fast schon an der Tagesordnung – entweder sie gingen von den Hunden aus oder von der unglücklichen Tatsache, dass schon seit Jahren ein tief verwurzelter Hass wegen eines Stück Landes zwischen dem Fischer, dem Jäger und dem Bauern herrschte. Direkt am großen See hatte der Bauer nämlich sowohl eine Wiese als auch einen Acker. Der Vorteil dieser Lage war augenscheinlich – mit der Nähe zum Wasser musste er sich um saftiges Gras bzw. gute Ernte

_ _ und einmal in schwarz._

keine Sorgen machen. Wenngleich es in den Highlands eigentlich fast nie zu Trockenzeiten kam. Ein weiterer Vorteil war die Seltenheit eines solchen Landes, denn meist waren am See Steilhänge, die einen direkten Zugang zum Wasser verhinderten. Der Bauer konnte also zu Recht stolz auf sein Stückchen Land sein. Leider kam es aber immer wieder vor, dass Wildschäden die Ernte gerade dieses Feldes gefährdeten, denn um sich den Durst zu stillen, gingen viele Wildtiere hier zum See und bedienten sich danach an der Ackerfrucht.

Verantwortlich war für den Bauer hier natürlich der Jäger, der seiner Meinung nach nicht genug bejagte. Zeitgleich hatte der Fischer einen zweiten Anlegeplatz neben der Wiese des Bauern und musste 2 - 3 Mal die Woche mit einem Karren die Netze dort hinbringen und die Fische wieder abtransportieren.

Die Transportroute ging quer über die Wiese, was dem Bauer wiederum ein Dorn im Auge war – schließlich wurde sein Gras niedergetrampelt. Aber auch der Jäger ärgerte sich darüber, denn die Zeiten, zu denen der Fischer sich an seine Arbeit machte, waren ebenso die Zeiten, an denen der Jäger zur Jagd ging.

Und so war es schon häufig vorgekommen, dass sich die beiden morgens in die Quere kamen bzw. das Wild vom polternden Fischerkarren vertrieben wurde und der Waidmann vergeblich auf seinem Hochsitz gesessen hatte.

Die drei Streithähne machten sich also Woche für Woche das Leben mit zerstörtem Gras, verjagtem Wild und ruinierter Saat zur Hölle und fanden immer neuen Zündstoff für ihren leidenschaftlichen Hass aufeinander. AVON, BEN und TURK machten dabei kräftig mit und hatten in der Angelegenheit einen zusätzlichen Grund gefunden, sich nicht zu mögen. So vergingen die Jahre und es kam weder bei den Menschen noch bei den Hunden zu einer Annäherung, bis schließlich dunkle Wolken am See heraufzogen und die Existenz aller beteiligten Sturköpfe bedrohte: Auf dem Ackerland, welches bisher für so viel Unmut und Unglück gesorgt hatte, sollte eine Fabrik gebaut werden.

Dem Bauer drohte die Zwangsenteignung, dem Fischer große Umwege zu seiner Anlegestelle und mit den industriellen Abwässern zusätzlich kranke Fische. Dem Jäger schließlich drohte mit dem weggenommenen Jagdrevier und den lärmenden Maschinen weniger Wild in seinem Pirschbezirk.

BILL: „Auweia, das hört sich aber gar nicht gut an, was haben die Menschen denn gemacht?" PATTY: „Kann es sich einer von euch denken und die Frage beantworten?" MIA: „Ist doch klar, die haben sich gewehrt. Jeder einzelne hat sich der Fabrik knurrend entgegengestellt, die Zähne gezeigt und ist als Alpha aus der Sache herausgegangen! Grrr!" PATTY: „Oh MIA, meine kleine Amazone, du musst noch viel lernen!"

Alle Ortsansässigen, nicht nur unsere Labrador-Besitzer, haben sich gemeinsam gewehrt. Es gab Versammlungen, Gespräche mit Verantwortlichen und Versuche, mit Kompromissen eine Einigung zu finden.

Doch alles half nicht. Die Fabrik sollte gebaut und mit ihr die Existenzen der drei Herrchen unter dem Beton begraben werden. AVON, BEN und TURK blieben der Stress und die Sorgen ihrer Besitzer nicht verborgen. Auch sie machten sich Gedanken. An einem Abend trafen sich alle

_ _ *Es gibt noch viel zu lernen.*

drei Parteien durch Zufall in der Kneipe. Sie eränkten ihre Situation in Bier und Whiskey und gingen zur späten Stunde friedlich singend und grölend mit ihren treuen Vierbeinern gemeinsam nach Hause. Das gab nicht nur, aber vor allem BEN zu denken, und so verabredeten sich die Brüder für den nächsten Tag bei den großen Steinen direkt an der Wiese des Bauern.

Ben: „Hallo Turk, hallo Avon." „Hallo", kam abfällig und missmutig sowohl von Avon als auch von Turk zurück. „Ihr wisst, was los ist und um was es geht. Wir müssen was tun! Ich habe mir etwas überlegt…."

„Du wieder, der Dichter und Denker der Familie, hoffentlich hast du dir dein blondes Köpfchen nicht in Gedankenbrand gesetzt." „Hör doch auf, AVON, du hast deinen Kopf doch nur zur Zierde – Gefäß ohne Inhalt, deshalb hast du von uns Dreien auch den schmalsten…" „…sagt Mister Unkoordiniert, der so viel Analgulasch im Kopf hat, dass es sich nicht besser in deiner Fellfarbe hätte ausdrücken können!" „*Still*", raunzte BEN, der seinen Brüdern nicht länger zuhören konnte. „Selbst unsere Herrchen haben sich gestern friedlich verhalten, dann werdet ihr es doch wohl auch einmal schaffen! Wir haben momentan größere Probleme als uns!"

Betroffen legten AVON und TURK die Ohren zurück. Sie wussten, dass sie sich eben falsch und kindisch verhalten hatten. Alle drei legten das Kriegsbeil beiseite, setzten sich auf die großen Steine und besprachen den Plan, den sich Ben nachts zuvor ausgedacht hatte.

Einen Tag später, es war Mittag, begann Turk plötzlich, wie wild zu bellen. Er sprang in seinem Garten herum, welcher direkt an den See grenzte. Turk knurrte, bellte, jaulte, er war nicht zu bremsen. Er bewegte sich so unkoordiniert vor Erregung, dass er mehrfach hinfiel und gegen den Gartenzaun prallte.

Schnell kamen nicht nur der Bauer mit seiner Familie, sondern auch alle Nachbarn angerannt. So hatten sie TURK noch nicht erlebt. Sie folgten seinem Blick hinaus auf den See und entdeckten schließlich, was TURK so in Erregung versetzte: Ein riesiges, undefinierbares, graues Tier schwamm weit draußen im See herum.

_ _ *Wasser, das Element aller Retriever.*

Was war das bloß? „Ein Seeungeheuer", schrie eine alte Frau. „Es ist bestimmt vier Meter lang, oh mein Gott!", sagte ein fassungsloser Mann. Die restlichen Zuschauer bekamen nicht mehr als ein *Oh*, *Ah* oder *Ui* heraus. Zu sehr waren sie zwischen Faszination und Furcht hin- und hergerissen. Turk bemerkte, dass nun alle das Seemonster betrachteten, und hörte auf zu bellen. Wie auf Kommando gab nun die Seebestie einige komische Laute von sich und verschwand schließlich rechts in der Bucht, welche man vom Bauerngarten nicht einsehen konnte.

Mia: „Ui, eine Seebestie! Die macht bestimmt die Fabrik fertig und beißt alle, die sich ihr in den Weg stellen!" Patty: „Mia, hör zu, wie es weitergeht!"

Während sich die Nachricht des neuen Seetieres wie ein Lauffeuer im Dorf verbreitete, rannte Turk unbemerkt zur Bucht, an die sich offenbar das Untier zurückgezogen hatte. Kaum dort angekommen, hörte er ein Rascheln im Schilf und sah auch schon, wie sich Avon und Ben damit abmühten, ein altes Fischernetz, bespickt mit Schilf, Seetang und alten Kartoffelsäcken an Land zu ziehen. „Wir haben es geschafft", sagte Turk, „alle haben es uns abgekauft und denken nun, es gibt hier ein Seeungeheuer!" Avon, Ben und Turk freuten sich, machten sich aber gleich wieder daran, das Netz an Land zu zerren. Schließlich packte sich jeder ein Teil des Netzes und trugen es weit in den Wald hinein und vergruben es in einem Loch, welches sie tags zuvor bereits ausgebuddelt hatten. Danach gingen sie jeweils nach Hause und harrten gespannt der Dinge, die sie in Lauf gebracht hatten – in der Hoffnung, Bens Plan würde aufgehen.

Mehrere Welpen: „Welcher Plan denn, was ist da passiert? Ich versteh es nicht!" Bill: „Na, ist doch logisch: Ben und Avon hatten sich mit dem Netz eine Haut für die Bestie gebastelt, sie übergeworfen und sind gemeinsam auf den See geschwommen. Als sie Position bezogen hatten, hat Turk sein Spektakel vollführt und alle konnten die vermeintliche Bestie sehen, welche in Wirklichkeit nur Avon und Ben und das alte Netz waren." „Genauso war es gewesen, mein Sohn", sagte Patty und schaute Bill mit großer Zufriedenheit an. „Hört einfach zu!"

Tags darauf trafen sie sich wieder auf der Wiese bei den alten, großen Steinen und erzählten sich, was sie alles mitbekommen hatten: Die Menschen rätselten, was für ein Tier das Ungeheuer sein könnte.

Manche hielten es für gutmütig, andere erzählten von großen Fangzähnen, mit denen es sogar schon Kinder in die Tiefe gezogen hätte.

In manchen Erzählungen war die Seebestie vier Meter, in anderen zehn Meter lang. BEN, TURK und AVON amüsierten sich köstlich und konnten über so viel Einbildung und Fantasie nur lachen. Aber sie waren zufrieden mit sich und der Welt, denn BENS Plan war aufgegangen – alle Seeanwohner hatten beschlossen, den See besser zu wahren und zu schonen, um den Lebensraum des großen, unbekannten Tieres nicht zu zerstören. Mit diesem Beschluss war der Bau der großen Firma hinfällig – die drei unglcichen Brüder hatten es geschafft! „Und habt ihr schon gehört, wie sie alle unseren Wasserdrachen nennen?! NESSIE, das Ungeheuer von Loch Ness!“, glückste AVON vor lauter Freude und fing mit TURK und BEN an zu lachen.

Und gerade als die drei auf den Felsbrocken saßen, die Nachmittagssonne in ihr schwarzes, braunes und gelbes Fell schien und sie nicht anders konnten, als sich über die ganze Geschichte und über NESSIE lustig zu machen, da hielt TURK plötzlich inne, stand auf und traute seinen Augen nicht: Mitten auf dem See schien NESSIE zu schwimmen. AVON und BEN drehten sich zum See, und da sie TURKS Gesichtsausdruck nicht interpretieren konnten, folgten sie seinem Blick und waren ebenso erstarrt und fassungslos wie ihr Bruder.

Wie konnte es sein, dass dort draußen tatsächlich das Ungeheuer herumschwamm? Nessie drehte eine große Seerunde und kam schließlich auf die drei zu geschwommen.

TURK wurde dabei ganz unruhig, AVON ging sofort in Angriffsstellung und BEN beobachtete einfach nur. Dann sahen sie, wie NESSIE in ca. 50 Meter Entfernung am Bootssteg von AVONS Herrchen an Land ging und offensichtlich in ihre Richtung gehen wollte. Dabei geschah jedoch etwas Seltsames und Magisches zugleich: Kaum hatten die vorderen Flossen des Seedrachens den Boden des Uferbereiches berührt, verwandelte sich Nessie geräuschlos von dem schweren, großen Untier in eine kleine, helle, tennisballgroße Lichtkugel. Diese flog in schmetterlingshaften Bewegungen, in ein bis zwei Meter Höhe zu den drei nun völlig erstaunten und mittlerweile auf einem Felsen zusammengerückten Labradoren. Dort angekommen, verwandelte sich die Lichtkugel mit einem leisen Buff in eine menschenähnliche Gestalt, welche sich auf einen der freien Steine setzte.

_ _ *Lebensfreude pur!*

„Hallo Jungs!", sagte das Wesen fröhlich kichernd zu AVON, BEN und TURK, die wiederum immer noch starr vor Staunen auf ihrem Felsbrocken standen und sich das Lichtkugelwesen nun genauer betrachteten. Eigentlich sah es aus wie eine Frau, jedoch mit Tätowierungen auf Händen und Armen. Es waren nur Linien und Punkte, welche aber so angeordnet waren, dass sie wunderschöne Formen und Muster auf der Haut bildeten. Bei genauerem Betrachten hatte man sogar den Eindruck, dass diese Muster sich ab und an änderten, um neue schöne Abbildungen zu bilden. „Wer und was bist du?", fragte Ben, der neugierig vom Felsen gesprungen war. „Ich bin FEY'ERIA, eine Naturelfe, und ich bin sehr zufrieden mit euch!", kam als Antwort zurück, und Ben und seine Brüder schauten sich mit fragenden Blicken an. Da begann FEY'ERIA zu erzählen: Sie und ihre Mitelfen wachen über die Natur und deren Geschöpfe. Sie versuchen, alles im Gleichgewicht zu halten, und greifen dafür auch hin und wieder in das Leben ein. FEY'ERIA hat die Aufgabe, neben vielen anderen Tieren, die Labrador Retriever zu begleiten.

Kurz vor der Geburt der drei Brüder hatte sie sich Sorgen um die Labradore gemacht, weil sie unter den so lieben und verträglichen Hunden immer öfter Feindseligkeiten feststellte.

In diese Richtung aber durften sich die wasserfreudigen Hunde nicht entwickeln. Sie standen für Lebensfreude, Freundlichkeit und Nächstenliebe. Also beschloss FEY'ERIA, die Labradore einem Test zu unterziehen – sie sorgte mit ihrer Naturmagie dafür, dass ein Wurf geboren wurde, innerhalb dessen sich die Geschwister optisch und charakterlich stark unterschieden. Auf diese Weise wollte sie feststellen, ob die Labradore sich zu stark von ihrem ursprünglichen Wesen entfernt hatten, oder ob sie wieder zu sich und damit zueinander finden würden. „Und das ist euch ja offensichtlich gelungen!", sagte die Naturelfe und setzte ein breites, zufriedenes Grinsen auf. „TURK, BEN – wenn ihr wollt, gebe ich euch nun eure ursprüngliche Fellfarbe wieder zurück. Dann seid ihr wieder schwarz wie die anderen Labradore." BEN, TURK und AVON sahen sich an – sie waren zunächst verärgert, als Elfenversuchskaninchen missbraucht worden zu sein. Dann aber begriffen sie, was sie geleistet hatten, und dass sie trotz ihrer Verschiedenartigkeit und ihrer Differenzen zueinander gefunden hatten.

Sie waren stolz auf sich und sowohl Ben als auch Turk hatten keinerlei Interesse daran, ihre gelbe und braune Fellfarbe einzutauschen.

„Nein, wir wollen so bleiben, wie wir sind!", sagten BEN und TURK wie aus einem Mund. „Damit habt ihr den letzten Test bestanden!", erwiderte FEY'ERIA, klatschte vor Freude in die Hände und verschwand als kleiner, heller Lichtball im nahe gelegenen Wald.

PATTY saß da und schaute in die Welpenrunde. Alle waren noch ganz gefangen von der Geschichte und schienen nachdenklich zu sein. „BILL, es tut mir leid, dass ich dich wegen deiner Fellfarbe geärgert habe!", sagte MIA betroffen und alle anderen stimmten ihr zu. BILL nickte anerkennend und konnte nicht umhin, sich eine kleine Träne zu verdrücken, während er fragte: „Was ist denn mit den drei Brüdern passiert?"

„Die drei lebten ihr weiteres Leben nicht länger nebeneinander her. Sie hatten sich versöhnt und dadurch, und durch das Märchen um NESSIE, ihre Besitzer auch wieder zueinander gebracht." „Aber Mama, was ist denn mit FEY'ERIA?", wollte MIA von PATTY wissen. „FEY'ERIA war sehr berührt gewesen von AVON, TURK und BEN und hatte mit ihren Naturkräften dafür gesorgt, dass die mutigsten und temperamentvollsten Nachkommen unter uns schwarz, die verschmusten und kopfstärksten gelb und die lustigsten, kreativsten unter uns braun geboren werden.

So halten wir das Andenken der drei Brüder in uns lebendig und werden stets daran erinnert, dass Nächstenliebe – egal, wer unser Nächster ist – unser höchstes Gut und unsere Natur ist!"

„Ja, aber was ist nun mit der Naturelfe? Hat sie uns Labradore nochmal besucht?", zischte MIA ungeduldig. „Oh MIA, sie muss uns nicht besuchen, sie wacht über uns. Aber wenn du sie sehen möchtest, dann musst du nur einen besonders selbstlosen Akt der Nächstenliebe vollbringen. Denn dann erscheint sie als NESSIE verwandelt in dem See, an dem AVON, BEN und TURK gelebt haben – am Loch Ness. Die Menschen denken bis heute noch, dass NESSIE dort lebt und ein Seeungeheuer ist. Wir Labradore wissen es aber besser: NESSIE ist keine Bestie, sie ist die Naturelfe FEY'ERIA, die immer dann erscheint, wenn einer von uns Labradoren auf der ganzen Welt seiner Natur der Freundlichkeit, Liebe und Güte in besonderer Weise Ausdruck verleiht."

„Mama, fahren wir nach Loch Ness, ich will NESSIE sehen! Reicht es, wenn ich dafür BILL meinen Kauknochen überlasse? Wann fahren wir?" „Oh MIA, die Menschen, die dich bekommen, denen wird es nie langweilig! Lass mich jetzt mal in Ruhe schlafen und spiel schön mit deinen Geschwistern!", säuselte PATTY und ging langsam zu ihrer Hundeliege.

* Eike Henriksen mit Golden-Hündin Amber

EINE WUCHTBRUMME LERNT SCHWIMMEN

AMBER war schon immer etwas anders. Bereits bei den Züchtern legte sie sich gerne mal abseits ihrer Geschwister, wollte alleine sein. Hatte sie jedoch das Bedürfnis nach Kontakt, robbte sie zu ihren Geschwistern, warf sich mitten hinein und war zufrieden. Als es das erste Mal richtiges Futter gab, saß sie mitten im Napf und konnte ihr Glück kaum fassen. Sie hieß schon lange bevor sie ihren eigenen Namen bekam „Die Wuchtbrumme"! Dabei ist es bis heute geblieben.

Amber legt beim Training Aufgaben gerne anders aus, als sie gestellt werden, und bringt mich oftmals zum Grübeln, Verzweifeln und Rot- werden, aber auch zum Lachen.

Nehmen wir die Begleithundeprüfung. Ich schlotterte vor der Prüfung, aber es ging bis Fach 4 alles (naja) ganz gut. Dann Ablegen aus der Bewegung. Ich gab ihr das Handzeichen, betonte noch einmal mit einem gezischten „Platz!" und ging weiter. Aus dem Augenwinkel sah ich, dass ich alleine ging. Das war schon mal gut. Sie schien also irgendwo zu liegen. Als ich mich dann auf Hinweis des Richters umdrehte, war ich einer Ohnmacht nahe.

Meine Wuchtbrumme lag zwar dort, wo ich sie abgelegt hatte, aber ... sie lag auf dem Rücken und zappelte fröhlich mit allen Vieren in der Luft. Da sie aber an der Stelle lag, wo sie liegen sollte, konnte ich die Aufgabe beenden, ohne gleich vom Platz geschickt zu werden. Das erledig- te AMBERS Einfallsreichtum dann bei der gefürchteten Aufgabe Nr. 5 (Ablegen und außer Sicht gehen): Sie lief nicht etwa hektisch hinter mir her nach dem Motto, „Huch, wo ist Frauchen mit dem fremden Hund hin?", sondern sie langweilte sich und ging grasen. Damit war dann das geschehen, was ich eigentlich bei Aufgabe 4 schon befürchtet hatte. So hieß es: „Auf ein Neues."

_ _ *Wasserspiele XXL*

Auch das Schwimmen war kein einfaches Unterfangen: Ein schöner Septembertag, ideal für einen Ausflug mit der Junghundegruppe an einen Teich. Vier Hunde paddelten auch fröhlich durch den Teich, der fünfte plantschte im Uferbereich. Also sollte ich auf die andere Seite des Teiches gehen, AMBER blieb alleine mit der Trainerin zurück, die anderen Junghunde standen mit ihren Besitzern etwas abseits. Ich pfiff, lockte und rief energisch, aber AMBER schnüffelte im Gras, fraß ein paar Halme und war mit sich und ihrer Welt zufrieden. Einer der anderen Hunde sollte dann zu mir ans andere Ufer schwimmen, und plötzlich hatte ich vier pitschnasse und fröhliche Hunde auf meiner Seite des Teiches. AMBER konnte gerade nicht. Sie musste mal pieschern.

Mein Ehrgeiz war geweckt. Die Wuchtbrumme musste schwimmen lernen. Im Oktober, am Erntedanktag, ging ich mit Wathose, dem Labrador meines Schwagers, Amber und einer Fleischwurst zum Wardersee an die Badestelle.

Es war kein goldener Oktobertag, sondern windig, regnerisch und ungemütlich. Ich stiefelte in der Wathose und mit Fleischwurst bewaffnet in den See. Vorsichtshalber hatte ich immer die ca. 150 Meter entfernte Straße im Blick, da ich befürchtete, dass ein wohlmeinender Autofahrer Feuerwehr oder Polizei rufen könnte, weil er mich für eine suizidgefährdete Frau hielt. Erst rief ich den Labrador zu mir, er war begeistert von der Fleischwurst. Dann lockte ich AMBER. Sie stiefelte ins Wasser, schwamm mit einer Selbstverständlichkeit, die mich sprachlos machte, zu mir, nahm verzückt die Fleischwurst und paddelte fröhlich im See herum. Sie konnte es also.

Wenig später zu Hause beschloss Amber, wieder nicht schwimmen zu können oder zu wollen. Aufgrund des nahenden Winters verlegte ich das Schwimmen dann auf das darauf folgende Frühjahr.

Kurz nach AMBERS erstem Geburtstag nahm ich die Aktion Schwimmen wieder in Angriff. Ich knotete ein Dummy an eine dünne Schleppleine und warf es mit viel Trara in den Teich. Dann schickte ich AMBER mit Apport los. Sie lief begeistert zum Dummy, watete bis zum Bauch ins Wasser und zog es an der Schleppleine aus dem Wasser. *Na toll!*

Also nahm ich als weiteres Requisit ein Buch mit. Dann ging ich wieder zum Teich, warf das Dummy ins Wasser, achtete darauf, dass die Schleppleine wirklich unterging, setzte mich auf einen Stein und las mein Buch. Die Sonne schien, das Dummy dümpelte im Wasser und AMBER hatte Langeweile. Wie selbstverständlich ging sie nach einer ganzen Weile ins Wasser, schwamm zum Dummy und brachte es mir stolz bis in die Hand. Seitdem schwimmt sie wirklich! Aber man kann im Wasser durchaus sehr kreative Sachen anstellen und Frauchen kann auch nicht wirklich eingreifen. Oder doch?

Kleiner Nachtrag: Letzten Sommer sollte Amber vom gegenüberliegenden Ufer eines Teiches ein Dummy holen.

Sie ist bis ans Ufer geschwommen und da saß sie stur wie ein Esel. Ich war so genervt, dass ich meine Armbanduhr und mein Handy ins Gras warf und in vollen Klamotten, inklusive Stiefeln, ins Wasser ging und zu ihr auf die andere Seite schwamm. Sie war leicht irritiert, holte das Dummy und schwamm dann fröhlich neben mir wieder zurück ans andere Ufer.

Der Hund

ist der

6. Sinn

des *Menschen*.

- CHRISTIAN FRIEDRICH HEBBEL -

Dagmar Jahn mit Labrador-Hündin Cayenne

HUNDE HABEN ANDERE WERTE

Da komme ich am Morgen nach unten getapst und werde nicht wie sonst *umgefreut*. Das macht mich schon einmal misstrauisch. Auf dem Weg zum üblichen Malheur-Platz komme ich auch durch die Diele, wo es ein normales Hundekissen, BRUNOS Bank und ein Vet-Bed gibt. Das Hundekissen war auf das Vet-Bed gezogen und darunter lugte die Hälfte eines USB-Sticks hervor – angekaut.

Nun war ich natürlich geschockt, dass Cayenne, mein kleines Hundemädel, die andere Hälfte gefressen haben könnte, und machte mich auf die Suche.

Im Wohnzimmer gibt es ein weiteres Hundebett und da fand ich dann: die andere Hälfte vom USB-Stick – angekaut, mein Portemonnaie – zerfleddert, mehrere Geldscheine zu einem Puzzle degradiert, meinen Personalausweis – angebissen, den Fahrzeugschein – angenagt, meinen Führerschein – fast unversehrt (das ist noch der gute graue Lappen, der schmeckt offensichtlich nicht), des Weiteren meine IKEA-Card – völlig vernichtet, die STAPLES-Card – ebenfalls.

Oh Mann! Wie ist die kleine Kröte da nur rangekommen? Offensichtlich kann sie Reißverschlüsse aufziehen, denn die ganzen Dinge befanden sich in einer verschlossenen Handtasche!

Gegen Mittag bin ich mit meinem neuen Portemonnaie – derzeit ein Gefrierbeutel – zur Bank gegangen, mein Geldschein-Puzzle ebenso im Gepäck wie ein entschuldigendes Lächeln, und hoffte, dass freundliche Banker mir wieder richtiges Geld daraus machen würden.

Also bin ich in die Sparkasse eingefallen, habe meinen Gefrierbeutel gezückt, mein bestes Entschuldigungslächeln aufgesetzt und dem verdatterten Mann am Schalter mein Puzzle hingelegt. Der Mann hat ausgesehen, als hätte er in eine Zitrone gebissen!

Mit Akribie hat er die kleinen Scheine zusammengeklebt und mir dann stillschweigend neue Scheine ausgehändigt. Mein fröhliches „Vielen Dank – und ein schönes Wochenende!" wurde nur mit Gemurmel quittiert. Hey – ich bin da Kunde. Na ja, in einer anderen Filiale.

Unverdrossen bin ich dann in den nächsten Laden gegangen und habe versucht, ein Portemonnaie zu kaufen – gab es aber nicht. Also kaufte ich allen möglichen anderen Kram – um an der Kasse meinen Gefrierbeutel zu zücken. Die Kassiererin guckte etwas merkwürdig, oder kam es mir nur so vor? Am Fischstand fand das Ganze seinen Höhepunkt. Die nette Fischverkäuferin hat mir ein Fischlein für mein freches Hundegör verkauft und natürlich Fisch für den Rest der Familie.

Als sie meinen Plastikbeutel sah, hat sie den Betrag mitleidig nach unten abgerundet. Ich will ein Portemonnaie!

HILFE AUF VIER PFOTEN

Seit einer Querschnittslähmung durch einen Sportunfall sitze ich im Rollstuhl. Ich fahre selbst noch Auto und habe mir als Begleitung immer einen Hund gewünscht. Endlich war es so weit und ich bekam die ausgebildete VITA-Assistenzhündin FAY, einen Golden Retriever. Dieser Hund hat mich vom ersten Tag an fasziniert.

Sie entwickelt eine unglaubliche Sensibilität für Situationen, in denen ich mich immer wieder befinde.

FAY war seit ca. acht Wochen bei mir, da fuhren wir wie üblich an einen Waldrand zum Spazierengehen. Der Ablauf ist immer derselbe: Ich steige über meine Rampe aus dem VW-Bus seitlich aus, FAY wartet so lange im Auto, bis ich sie zu mir rufe. So auch dieses Mal. Als ich dann vor dem Auto stand, klingelte mein Telefon, leider hatte ich es mal wieder wie so oft hinten auf der Rückbank vergessen.

Das Problem: Auf der Rückbank lag nicht nur mein Telefon, sondern noch eine Menge anderer Dinge. Also schickte ich meinen Hund mit dem Signal Telefon-Apport wieder rein in den Bus.

Ganz in Retriever-Manier brachte mir FAY stolz etwas in ihrem Fang – es war die Wasserflasche. Als Nächstes kam sie mit meinem Hut zum Vorschein, dann mit der Leine. So ging es noch zwei-, dreimal, bis ich einen Haufen Gegenstände auf meinem Schoß liegen hatte. Dann endlich brachte sie mir mein Telefon, das natürlich schon lange aufgehört hatte zu läuten. Ein paar Tage später kippte ich beim Auffahren auf meine Rampe rückwärts mit dem Rollstuhl um. Ich lag hilflos am Boden und mein Telefon befand sich natürlich wieder einmal auf der Rückbank – wo

_ _ *Ein Team für alle Fälle!*

auch sonst. Also rief ich FAY zu mir und schickte sie ins Auto: *Telefon-Apport!* Zielstrebig und schnell nahm sie das Telefon auf und brachte es mir, damit ich Hilfe holen konnte. Sie hatte die prekäre Situation, in der ich mich befand, sofort erkannt.

Es macht mich unglaublich stolz und gibt mir viel Selbstvertrauen, einen so treuen und zuverlässigen Partner an meiner Seite zu haben.

_ _ Toller-Freude.

_ _ *Beim Apportieren unschlagbar.*

* Claudia Christmann mit Labrador-Rüde Donald

MORGENANSITZ

Frauchen ist schon wach und geht ins Bad. Noch ist es dunkel, es muss also ziemlich früh sein. Ein schneller Kaffee und – ha! sie trägt die grünen Klamotten. Wir gehen zur Jagd! Herrchen ruft uns noch etwas nach: „Waidmannsheil!" Er bekommt noch einen Kuss, ich einen Krauler. Büchse und Rucksack werden ins Auto geladen und wir fahren los. Ich fange mal an, leise zu winseln, in freudiger Erwartung sozusagen. Ach nein, lieber nicht winseln, nachher muss ich noch im Auto bleiben. Und richtig, schon werde ich ermahnt. *Ok, ich bin ja schon ruhig …*

Wir fahren nicht lang. Ganz leise sind wir beim Aussteigen, nur keinen Lärm machen. Wir gehen zur hohen Leiter an der alten Eiche. Meine Decke wird auf den Boden gelegt und ich soll mich darauf legen. Na gerne doch. Wie? Angeleint?

Ich liege doch sonst immer unangeleint unter dem Hochsitz. Ach so, bestimmt denkt sie noch an unseren letzten Ansitz, als ich dem frechen Fuchs nachgelaufen bin. Was hätte ich denn sonst tun sollen? Frauchen schaute in die falsche Richtung und der Kerl kam direkt auf uns zu. Da habe ich ihn lieber einmal weggejagt.

Heute muss ich also hier unten die Stellung halten. Auch gut, ich kann ja immer noch bellen, wenn es hart auf hart kommt. „Still", sagt sie, jetzt darf ich nicht einmal mehr bellen. Dann schlafe ich eben noch eine Runde, bis es hell wird. Ein lauter Knall! Ich bin sofort hellwach und belle doch mal schnell. *Nur ganz kurz, ehrlich!* Vielleicht kommt jetzt mein Einsatz.

So wie vor ein paar Wochen. Einer ihrer Jagdkollegen hatte auf einer Kanzel ganz in ihrer Nähe einen Rehbock geschossen. Der lag nicht sofort, sondern lief noch ein Stück ins hohe Gras.

„Weit kann er noch nicht sein", meinte der Schütze, als wir kamen. Dann hat mir Frauchen gezeigt, wo die Fährte beginnt, und nach wenigen Metern fanden wir den erlegten Bock.

Eine kurze Zeit lang bleibt noch alles ruhig. Aber ich merke, wie ihr Herz klopft. Dann höre ich, wie sie ihre Sachen in den Rucksack packt und herunterkommt. Und? Gibt es etwas für mich zu tun? Es sieht nicht danach aus. Sie nimmt unsere Sachen, schultert das Gewehr und wir gehen in Richtung Wald. Ich werde immer aufgeregter und möchte schnell zu dem hohen Grasbüschel, denn ich weiß, davor liegt er. „Ein braver Bock", sagt sie, dann holen wir einen Eichenbruch am Waldrand und der Bock bekommt seinen *letzten Bissen*.

Das war ein schöner Ansitz am Morgen! Wieder daheim in meinem Körbchen träume ich noch immer davon und von meiner Lieblingsbeschäftigung – der Entenjagd.

_ _ *Wo geht es hier zur Party?*

* Tina Krause mit Labrador-Rüde Nemo

ÜBERMUT TUT SELTEN GUT

Manchmal hat man nicht viel zu lachen mit einem sieben Monate alten Jungspund, manchmal jedoch kommt man aus dem Lachen nicht mehr heraus. Okay, in diesem Fall war vielleicht ein klitzekleines bisschen Schadenfreude mit dabei, aber fangen wir von vorne an.

Der Sommer war sehr heiß, und so verbrachten wir einige Abende an einem schönen, stillgelegten Baggersee im benachbarten Ammerland. Eine Geheimadresse, an der sich nur die Insider trafen, da es nicht erlaubt war, dort zu baden, geschweige denn, sich dort aufzuhalten.

Es war einfach traumhaft: Klares Wasser, toller Strand, abends trafen sich hin und wieder Jugendliche zum Lagerfeuer, und auch wir suchten die abgeschiedene Ruhe und amüsierten uns über die ersten Wasserannäherungsversuche von unserem kleinen Junghund.

Wir, mein Freund und meine Wenigkeit, packten also an dem besagten schwülwarmen Abend Handtücher, ein paar kühle Getränke und natürlich unseren pfiffigen, kleinen, gelben Labrador-Rüden Nemo ein und wollten den Feierabend gemütlich ausklingen lassen. Nemo war übermütig, vor allem aber alberne sieben Monate alt und fand es am Baggersee super! Stundenlang konnte er am Badestrand nach kleinen Steinchen suchen und tauchen, Bananenschalen aus dem Sand buddeln und hin und wieder ließ er sich zum Schwimmen animieren.

Und so saßen wir also im Sand am menschenleeren See, genossen die herrliche Ruhe, einen ausgelassenen, fröhlichen Nemo, als plötzlich zwei Typen der Marke *cool socks* aufkreuzten, kurz grüßten und sich dann ein paar Meter entfernt frei machten. Also, ich meine so richtig frei!

Die zwei zogen im wahrsten Sinne des Wortes blank. Und so stürzten sich die zwei jungen Männer auch gleich mit viel TamTam nackig ins kühle Nass und hatten sichtlich Spaß an der Erfrischung. NEMOS Interesse war, wie sollte es anders sein, natürlich geweckt. Bei so viel Wellen und juchzenden Geräuschen bleibt wohl kaum ein Junghund desinteressiert. Er war hin- und hergerissen zwischen „ich muss die retten" und „Yeah Kumpels! Da mach ich mit". Noch bevor ich etwas sagen konnte, hatte sich der kleine Kerl schon verselbstständigt und die Ohren auf Durchzug gestellt. Und so schwamm er fröhlich zu den Jungs, die sich quietschend über den kleinen, gelben Seehund kringelig lachten.

In der Genugtuung, einmal Hallo gesagt zu haben, ließ sich unser Hund dann doch abrufen, paddelte zurück ans Ufer und bekam auch gleich einen Nemo-typischen Adrenalin-Flitz.

Jeder Hundehalter kennt wohl den *ready-for-take--off-Flitz*, runder Rücken, fliegende Öhrchen, lachendes Hundegesicht und ab geht's im Schweinsgalopp. Dabei steuerte NEMO geradlinig auf die Klamotten der Männer zu, schnappte sich im Vorbeirauschen eine Unterbüx und zischte damit quer durch die Dünen. So schnell, wie die Jungs wieder aus dem Wasser ruderten, war dies wirklich rekordverdächtig. Als hätte das noch etwas retten können, wurde NEMO davon nur noch mehr angestachelt. Die Beute war für diesen kleinen, frechen Labrador einfach zu verlockend. Nun war ich hin- und hergerissen zwischen einem fremdbeschämten *Wie peinlich ist das denn!* und einem gröhlenden *Hilfe! ich kann nicht mehr.*

Das Bild war einfach zu herrlich, rotzig flitzender Junghund mit fremder Männerunterhose und ein nackiger Mann im Galopp hinterher.

So etwas sieht man schließlich nicht alle Tage, also entschied ich mich für: Ich kann nicht mehr und konnte mich vor Lachen kaum noch halten. Mein Freund hatte derweil doch etwas Mitleid mit dem jungen Mann und versuchte, NEMO zu stoppen. Dieser hat dann glücklicherweise nach einer Ehrenrunde wieder Boden unter den Füßen bekommen, im Landeanflug ließ er das Höschen schließlich fallen. Die Männer nahmen es zwar puterrot, aber dennoch mit viel Humor, kleideten sich schnell lachend an und zogen von dannen. Eines haben die zwei jungen Herren ganz sicher gelernt: Wenn wir am Strand sitzen, lässt man die Unterhosen besser an! 🐕

Karin Manner mit Labrador-Rüde Lando

FÜR LANDO – EINE LIEBE FÜR EIN LEBEN

Man sagt, einmal im Leben hat man den einen Hund. Den einen, der einem ins Herz plumpst, es rücksichtslos dehnt und weitet, darauf herumtrampelt, es erfreut und erzürnt wie kein anderer. Den einen, der ein Stück des Herzens herausreißt und mitnimmt, wenn er uns eines Tages verlässt. Den einen, ohne den die Welt nicht mehr dieselbe sein wird. Manche nennen sie Seelenhunde.

Die Liebe meines Lebens sah ich vor langer Zeit zum ersten Mal im Alter von zwei Wochen. Drei Wochen später waren die Kleinen deutlich fideler und ähnelten nun eher dem, was man sich allgemein unter dem Begriff Hund vorstellt.

Ohne die Welpen groß anzusehen, nahm ich einen hoch. Er sah mich an und ich ihn und dieser Moment hatte etwas Magisches. Der Züchter sagte nur: „Ja, ja, das ist er." Nun, der geneigte Leser weiß, was nun kommt – oder doch nicht? Nachdem ich keine bin, die sich von Welpen einwickeln lässt, nein nein, und auch gegen das Kindchenschema immun bin, jawohl, nahm ich das Angebot des Züchters an, zwei Welpen meiner Wahl im Auto mitzunehmen und auf eine Wiese zu fahren. Schließlich sollte das künftige Familienmitglied ja mal ein Rettungshund werden. So fuhren also der von meiner Hand ausgesuchte und ein vom Züchter hochgelobter Welpe mit ins Grüne und durften dort zeigen, was sie so drauf hatten.

Der vom Züchter für gut befundene Welpe verbiss sich in mein Hosenbein, bellte, jaulte, rannte und spielte was das Zeug hielt. Der andere tat nichts dergleichen – er beobachtete mich.

_ _ *Weggefährte – ein Hundeleben lang!*

Und verfolgte mich – in sicherem Abstand. Zurück beim Züchter teilten wir ihm unsere Entscheidung mit: Der lebhafte Welpe sollte es werden, schließlich brachte er alle Voraussetzungen für einen guten Arbeitshund mit. Die Tage vergingen und mein Gefühl wurde immer schlechter. Es war nur noch eine Woche bis zur Abholung des Kleinen, aber dennoch stellte sich keine Freude ein. Der andere geisterte durch meine Gedanken.

Man sieht einem Hund in die Augen und es kommt etwas zurück – oder nicht. Bei meinem Welpen war es so gewesen, beim Hüpf-Spiel-Jaulhund nicht. Meine Stimmung verdüsterte sich.

Bis mein Mann sagte: „Jetzt ruf endlich an und frag nach, ob der andere Welpe noch frei ist." Er war es, und so zog Lando Labrador im Alter von acht Wochen bei uns ein. Ich war bezaubert von diesem Wesen und einfach nur glücklich. Nun, was erzähl ich, der Zauber hielt ganze zwei Tage. Dann hatte sich der Fratz eingewöhnt und gab Vollgas. Er bescherte uns eine stressige Welpenzeit, Erziehungsversuche waren ihm piepegal. Seine Jugendzeit erlebten wir als Achterbahnfahrt: Nicht nur einmal war ich am Rande eines Nervenzusammenbruchs ob seiner Ideen, seiner Kreativität, seiner Aktivität, seiner Unfolgsamkeit, und doch brauchte er mich nur anzusehen, um mein Herz zum Schmelzen zu bringen.

Wir gingen gemeinsam durchs Leben, durch Täler der Traurigkeit und Zeiten des Glücks. Fürs Arbeiten war er zu schlau, er sagte sich, du liebst mich doch, egal ob ich im Wald herumsuche oder nicht. Wir beide wuchsen zusammen, nie waren wir ohne einander.

Nach und nach zogen weitere Hunde ein, Bonnie, Filou, Socks, Mucho. Nahezu alle ertrug er mit der Gelassenheit des Anführers, sich immer meiner bedingungslosen Unterstützung bewusst. So wurde unser Rudel jahrelang angeführt. Es bedurfte keiner Worte mehr.

Den Herbst seines Lebens übersprang er, es zog kurz nach seinem 12. Geburtstag der Winter ein. Ich sah ihm an, dass es schwer wurde für ihn. Seine Nierenwerte waren schlecht, eine Niereninsuffizienz raffte ihn langsam dahin. Ich tat alles für ihn. Wir fuhren noch einmal ans Meer, wo wir vor langer Zeit einen tollen Urlaub verbracht hatten und glücklich waren.

__ „Ich war bezaubert von diesem Wesen und glücklich."

Die Kräfte verließen ihn und doch blühte er noch einmal auf, ging sogar in die Wellen und apportierte einen Ball, ließ sich noch einmal anstecken von der Lebensfreude der Jungen. Wieder zu Hause, ging es schnell bergab. Die Kräfte verließen ihn. Wie behandelt man einen Hund, der nie spazieren*ging*, sondern immer nur *lief*? Plötzlich konnte er das nicht mehr und legte sich nach 50 Metern ins Gras. Dann konnte er seine Nahrung nicht mehr bei sich behalten. Er entschwand mir.

An einem warmen und sonnigen Julitag nahm ich ihn und wir gingen auf unsere Wiese, langsam, nebeneinander. Auf der kleinen Anhöhe ließ ich mich nieder und Lando setzte sich neben mich. Mein Herz war schwer.

Ich ließ meine Augen über das ausgebreitete grüne Tal wandern, LANDO hat den Wald immer geliebt. Er sah in die Ferne und bewegte sich nicht. Er sah mich auch nicht an. „Möchtest du gehen?", fragte ich ihn stumm. Sachte und zärtlich fasste ich in sein Fell, wie so viele Male zuvor. Ich spürte, dass er nicht mehr kämpfen konnte. Am Tag darauf legte ich ein letztes Mal meine Hand an seine Seite und er sah mich an. Vertrauensvoll. Liebevoll. Stummes Einvernehmen. Dann ließ ich ihn los.

Meine Trauer war und ist unermesslich, ich vermisse ihn jeden Tag. Aber ich weiß genau, irgendwo dort draußen wartet er auf mich. Man sagt, einmal im Leben hat man den einen Hund.

Danke Lando!

*Pia Buchholz mit Labrador-Hündin Q

WANNENBAD ALL INCLUSIVE

Es war einer dieser ekelhaften Wintertage, nasskalt und ungemütlich. Doch der verantwortungsvolle Hundebesitzer gibt sich mit zwei jungen Hündinnen (16 und 5 Monate) auch bei diesem Wetter kein Pardon und marschiert mit seinen Hunden ins Freie – und das gleich zweimal, mit jedem Hund einzeln, da sie unterschiedlich belastet werden müssen.

Nach den Spaziergängen wollte ich mir mitten am Tag eine heiße Wanne gönnen. Und damit das auch so richtig erholsam wird, nahm ich das Mandarinen-Ölbad.

Kaum lag ich in der Wanne, merkte ich, dass die beiden Weiber nicht so erledigt waren wie ich, und munter miteinander herumtobten und Blödsinn veranstalteten. Die Türen zwischen Wohn-, Schlaf- und Badezimmer hatte ich offen gelassen, also rief ich nach der Jüngeren, die auch in solchen Situationen besser hört als die Große. Und so kam, wie erwartet, die Kleine angaloppiert, in ihrem üblichen Tempo, und sprang elegant, mit graziler Leichtigkeit, vor der Wanne ab, landete in meinen geistesgegenwärtig ausgebreiteten Armen und freute sich! Ich mich nicht wirklich, denn ich stand nun vor dem Problem: Wie werde ich diesen Hund wieder los?

Ich stand also freihändig, mit Hund auf dem Arm, auf, versuchte, mich nicht zu verkrampfen (ÖÖÖLBAAAD!), bemühte mich um einen sicheren Stand und habe es tatsächlich aus der Wanne geschafft.

Ich trocknete uns beide ab und beschloss: Das Wannenbad ist für heute beendet.

_ _ *Schaumbad gefällig?*

_ _ *Schnell rein ... Dummy ... und raus!*

Dagmar Jahn mit Labrador-Hündin Cayenne

EIN DURCH UND DURCH FREUNDLICHER HUND

Samstagmorgen 5:00 Uhr – gibt es eine schönere Zeit aufzustehen? Wir meinen mal … ja! Unsere Hunde meinen: Prima – so früh schon Action! Gibbet Frühstück? Labbis! Grund des morgendlichen Frühstarts ist Cayenne und meine erste Prüfung – die Begleithundeprüfung. Ich bin seltsam ruhig. Gelassen packe ich die benötigten Habseligkeiten, füttere die Hunde und unternehme noch einen kleinen Spaziergang mit den beiden.

Ups – wo ist die Zeit geblieben? Plötzlich schon 06:40 Uhr – Treffen in Hammoor um 07:30 Uhr – Fahrzeit 40 Minuten. Passt! Die lütte Gelbe und ich sausen also los.

Die Straßen sind leer wie selten, und so ist mit mir nur noch eine weitere Prüfungsteilnehmerin so früh vor Ort. Wir warten auf eine dritte Teilnehmerin und starten zu einem kleinen *Auslüftungsspaziergang*. Um 07:35 Uhr trudelt die Richterin ein und die Startnummern der zehn Teams werden gezogen. *Suuuper* – wir haben Nummer zehn.

Während wir also Stunden warten, wird mir die Zeit damit verkürzt, den Verleithund zu führen, und Cayenne verkürzt sich die Zeit im Kofferraum mit dem gründlichen Zerlegen eines Handfegers. Gegen 11:15 Uhr sind wir endlich an der Reihe. Wir hatten 20 Minuten Zeit, noch einmal spazieren zu gehen und wichtige Geschäfte zu erledigen (was nicht klappen wollte) – dann fielen die Schüsse, die das Ende der Prüfung vor uns anzeigten, und wir mussten eilig zurück zum Prüfungsplatz. Mir war jetzt unwohl! Lag es daran, dass Cayenne keinen Haufen gemacht hatte, das muss sie immer, wenn wir auf dem Platz arbeiten, oder war es doch Prüfungsangst?

Was soll's – los ging's! Die Prüferin erklärte mit Engelsgeduld, was sie erwartete. Nichts Unge-
wöhnliches – Fach 1 = Leinenführigkeit. Ich mach's kurz: *furchtbar!* Der Hund hatte die Nase nur
am Boden, die Leine fast immer straff, der Hund kaum zu begeistern! Die Freifolge war auch
nicht besser. Sie musste stimmlich motiviert werden, sonst war nur die Nase am Boden. Nachdem wir also Fach 2 = Freifolge abgehakt hatten, wurde klar, was Sache war: CAYENNE musste
einfach mal kurz auf dem Prüfungsgelände einen großen Haufen kreieren. Großartig!

*Nachdem ich das Stinkding eingetütet hatte, ging ich zur Richterin
zurück und fragte, ob ich die Prüfung vielleicht lieber an dieser Stelle
beenden sollte. „Nö – wieso? Ihr Hund macht doch alles."*

Ab hier lief es wirklich gut. *Fach 3:* Sitz aus der Bewegung mit Abrufen. *Fach 4:* Platz aus der
Bewegung zum Hund zurück, auf Anweisung ins Sitz. Geklappt! *Fach 5:* Ablage mit Außer-
Sicht-Gehen und Verleithund. Keine Probleme! *Fach 6:* Dummy. Naja, Vorsitz und *Aus* auf Signal
hat nicht geklappt. War aber nicht dramatisch. Jetzt aber – mein persönlicher Herzstillstand.
CAYENNE fiel plötzlich ein: Ich hab ja die Richterin noch gar nicht anständig begrüßen können!
Da sie nicht angeleint war, raste sie in Richtung der Richterin und wollte sie gerade ordentlich
anspringen, da konnte ich sie eben noch zurückholen. Doch dann drehte sie sich um, schoss auf
die Richterin zu, schraubte sich in die Höhe und verpasste ihr einen herzhaften Schmatz aufs
Auge. *Uahhhhh!*

*Ich wurde gebeten, den Hund zwecks besserer Kontrollierbarkeit lieber
an die Leine zu nehmen. Bitte Boden tu Dich auf – lass mich hier weg!*

Den letzten Part – den Schuss – erledigte CAYENNE souverän. Aufgrund der schlechten Punkt-
zahlen in den Fächern 1 und 2 haben wir *Teil A* bestanden, sind aber für *Teil B* nicht zugelassen
worden. Es gibt Schlimmeres! Das war unsere erste Prüfung, auf zur nächsten.

Ein *Leben* ohne

HUND

- CARL ZUCKMAYER -

ist ein *Irrtum*.

* Anke Suckert mit Labrador-Hündin Biscuit

BEIPACKZETTEL LABRADOR

Der Labrador ist auch ohne ärztliche Verschreibung erhältlich. Um eine bestmögliche Haltung zu erzielen, muss er jedoch vorschriftsmäßig angewendet werden. Lesen Sie die Packungsbeilage sorgfältig und fragen Sie Ihren Züchter oder Trainer.

Inhaltsverzeichnis

01 _ Was ist der Labrador und wofür wird er angewendet?

Der Labrador ist ein *Gute-Laune-Spender* und wird angewendet bei leichter bis schwerer Langeweile, schlechter Laune und Depressionen. Bitte beachten Sie die Angaben für Kinder (siehe auch Punkt 2).

02 _ Was müssen Sie vor der Aufnahme des Labradors beachten?

Der Labrador darf nicht gehalten werden, wenn ...
_ Sie schmutzempfindlich sind.

_ _ *Der Labrador besteht zu 100 % aus Liebe!*

_ Sie sich nicht gern bewegen.
_ Sie kein Wasser mögen.

Besondere Vorsicht bei Haltung des Labradors ist erforderlich ...
_ bei der Fütterung (gibt man ihm den kleinen Finger, nimmt er gleich die ganze Hand),
_ wenn Sie nicht standfest sind (Stichwort *Kängador*),
_ wenn es Nichtschwimmer in der Familie gibt,
_ wenn ein Güllehaufen in der Nähe ist. *Puuuuh!*

Worauf müssen Sie noch achten?
Der Labrador gehört zur Gruppe der Retriever und benötigt dringend diverse Dinge, die er herumtragen kann. Ob dies nun ein Schuh, ein Socken oder die Fernbedienung ist, spielt hierbei keine Rolle.

Kinder
Der Labrador sollte bei Kindern nur unter Aufsicht eines Erwachsenen angewendet werden, da diese sonst weichgeknutscht werden. Kinder in Verbindung mit Bällen sind eine besondere

Versuchung und können durchaus zu Blessuren führen. Untersuchungen ergaben, dass ein Labrador mit Straßenmalkreide verschönert werden kann. Er nimmt das freundlich wedelnd zur Kenntnis und scheint mit allen Farbkombinationen einverstanden zu sein. Der Labrador lässt sich auch als Kopfkissen verwenden, ist als Pferd jedoch ungeeignet, da zu klein.

Verkehrstüchtigkeit und die Unterbringung in Autos:

Wird der Labrador auf der Ladefläche im Kombi verstaut, treten in der Regel keine Schwierigkeiten auf. Besondere Vorsicht sollte beim Mitführen des Hundes auf dem Rücksitz in kleinen Autos erfolgen. Hier kann es vorkommen, dass der Labrador aus dem Hinterhalt Schleckattacken startet und somit Ihre Verkehrstüchtigkeit beeinträchtigt. Der Labrador legt hierbei auch gerne den Kopf auf Ihre Schulter und sabbert dabei liebevoll in Ihr Ohr.

Wichtige Warnhinweise über bestimmte Bestandteile des Labradors:

Der Labrador besteht zu 100 % aus Liebe. Wir bitten dies besonders zu berücksichtigen!

Wechselwirkungen mit anderen Hunden oder Spaziergängern:

Im Zusammenspiel mit anderen Hunden gibt es keine Auffälligkeiten. Der Labrador passt sich Größe und Temperament des Spielpartners an und bringt auch den ignorantesten Hund noch zum Spielen. Bei Spaziergängern gelten Menschen mit heller Kleidung als besonders gefährdet!

Verstärkung der Wirkung:

Sobald der Labrador mit Wasser in Berührung kommt, brennen bisweilen alle Sicherungen durch. Er ist umgehend zu Höchstleistungen fähig. Leider sind diese unter Umständen nur schwer lenkbar und enden mitunter auch im absoluten Chaos.

Abschwächung der Wirkung:

Keine bekannt

03 _ Wie ist der Labrador anzuwenden?

Falls nicht anders verordnet, kann der Labrador ganztägig angewandt werden:

Der Labrador sollte in Verbindung mit frischer Luft für ca. 2 Stunden täglich verwendet werden. Die Dosis kann nach Belieben erhöht, sollte aber keinesfalls unterschritten werden. Kuschel- oder Spielorgien sind jederzeit möglich.

04 _ Welche Nebenwirkungen sind möglich?

Häufig (mehrmals täglich):

_ Sabberflecken im Umkreis von 5 Metern um den Wassernapf

_ Hundehaare an Kleidung, im Bett, auf dem Sofa, in der Kaffeetasse etc.

_ nasse Handtücher

_ schlammige Abdrücke auf der Kleidung und in der kompletten Wohnung

Gelegentlich (ca. einmal im Monat):

_ blaue Flecken oder Kopfschmerzen

_ Zerstörung von Altpapier

_ unerträglicher Geruch des Labradors nach Fisch oder Aas und ein geflutetes Badezimmer im Anschluss

Selten (alle paar Monate):

_ plötzlicher Schwund von Essen oder anderen Leckereien

_ Schlafentzug wegen dringender nächtlicher Darmaktivitäten des Labradors

_ Kotzflecken auf dem Teppich

05 _ Wie ist der Labrador aufzubewahren?

Der Labrador sollte nicht über 25 Grad lagern. Am liebsten lagert er sich selbst dort, wo es ihm gerade beliebt. Bei sehr heißen Temperaturen werden kühle Plätze vorgezogen. Den Rest des Jahres liegt der Labrador am liebsten mit im Bett und parkt den Kopf vorzugsweise auf Ihren Füßen.

06 _ Weitere sinnlose Informationen

Der Labrador liebt Bälle, Wasser und Kinder. Der Idealfall tritt dann ein, wenn sich diese drei Komponenten vereinen lassen. Sollte sich der Labrador zu Ihren Füßen auf den Rücken schmeißen, muss dringend das Bäuchlein gekrabbelt werden. Es empfiehlt sich, dem Labrador in dieser Situation etwas ins Maul zu geben, um nicht selbst beknabbert zu werden.

Wir wünschen Ihnen viel Spaß mit dem Labrador!

__ Wo ist hier der Ausstieg?

* Uwe Klatt mit Golden-Hündinnen Milli und Coco

WIR SIND DANN MAL WEG

Es war zur Zeit des ersten Castor-Transports, der auch den Raum um Deutsch Evern bei Lüneburg berührte. Insoweit war überall Polizeipräsenz. Unsere damalige Burgschauspielerin BALTIC GOLDEN MILLICENT hat sich mit ihrer etwas einfacher gestrickten Tochter COCO VOM ILMENAUTAL anlässlich des täglichen Spaziergangs durch den heimischen Forst mit Frauchen irgendwann unbemerkt im wahrsten Sinne des Wortes in die Büsche geschlagen.

Was in Milli vorging, war nicht nachzuvollziehen, Coco allerdings sagte sich: Halte dich lieber an deine Mutter als an Frauchen, das wird bestimmt aufregender.

Im Nachhinein war nicht zu klären, ob die zwei die Ilmenau umleiten oder einen Nebenarm graben wollten. Das unerlaubte Entfernen fand mittags statt und der intensiven 2-stündigen Suche, begleitet von Rufen und Pfeifen, war kein Erfolg beschieden. Also entschloss sich Frauchen, allein nach Hause zu gehen. MILLI würde den Weg mit Sicherheit finden; mehr Sorge bereitete COCO. Hier blieb nur die Hoffnung, dass sie sich eng an Mutters Fersen halten würde.

Als Herrchen abends nach Hause kam, waren die beiden Hunde immer noch weg. Also schwang ich mich aufs Fahrrad und fuhr den bekannten Weg in entgegengesetzter Richtung, natürlich auch ständig rufend und pfeifend. Mitten im Wald, etwa an der Stelle, an der die beiden Hunde zuletzt wahrgenommen wurden, kam mir ein VW-Bus der Bundespolizei (Castor!) entgegen.

Vorsichtig guckte ich durch die Scheiben in den Wagen und war auf das Schlimmste gefasst: wildernde Hunde! Aber – zum Glück – außer Polizeiutensilien nichts. Ich fragte die beiden jungen Polizisten, ob sie zwei Hunde gesehen hätten. *Leider nein.* In dem Moment erschienen nach über 6-stündiger Abwesenheit zwei Golden Retriever auf der Bildfläche, als sei es das Selbstverständlichste von der Welt: unsere Grimmepreisträgerin MILLI mit Tochter COCO im Gefolge.

_ _ *Auf und davon!*

Der Ausdruck von MILLI war eindeutig: „Hättest uns nicht abzuholen brauchen, wir finden allein nach Hause."

Ich wollte gerade zu einer – natürlich völlig deplatzierten – Schimpf-kanonade ansetzen, als die beiden Polizisten mit einem „Ach, sind das tolle Hunde!" ihre Buletten und Schnitzel nicht etwa teilten, sondern im Ganzen den Hunden gaben.

Die typischen Retriever hatten natürlich nichts gegen diese Zwischenmahlzeit einzuwenden; das Hauptgericht wartete ja zu Hause.

_ _ *Freunde fürs Leben.*

Marion Oberender mit Curly-Coated-Rüde Ulothrix

EINE SELTSAME BEGEGNUNG

Wir leben im Bergischen Land, umgeben von Wald, engen Tälern, durchzogen mit Bachläufen, einer großen Zahl an Wanderwegen, die sich um den Berg ziehen. Täglich nutzen sie Menschen mit und ohne Nordic-Walking-Stöcken, zu Pferd, aber auch mit dem Rad und viele in Begleitung ihres Hundes. Denkt der Unbedarfte, bei so viel *Freizeitdruck* wohl kaum ein Wildtier des Waldes zu sehen, so irrt er. Anblicke von vertraut äsendem Rehwild, spielenden Junghasen im Frühjahr auf den wenigen Wiesen sind keine Seltenheit, und Besuche von Fuchs und Marder im Garten erleben wir immer wieder.

Es scheint mir, die Tiere des Waldes haben sich mit unserem Tun arrangiert! Vor allem, wenn wir verantwortungsvoll ihre Brut- und Setzzeiten (Rehwild: April bis Juni) berücksichtigen.

An einem frühen Nachmittag im Oktober, ULOTHRIX wurde von mir zur jagdlichen Brauchbarkeitsprüfung vorbereitet, entschloss ich mich, auf unserem Spaziergang eine kleine Verlorensuche (mit sechs Dummys) aufzubauen. Dafür hatte ich mir einen Hang nicht weit vom Waldparkplatz ausgesucht, mit niedrigem Bewuchs, Geäst und Brombeergestrüpp unter hohen Tannen und einigen Buchen an einem durchziehenden Bachrinnsal. Vom Weg aus konnten die Dummys gut verteilt in den Hang geworfen werden. Ich fand die Stelle ideal! Nach einem kleinen Spaziergang mit etlichen Mensch- und Hundebegegnungen und kleinen vorbereitenden Apportierübungen kamen wir auf unserem Rückweg zurück an den besagten Hang.

ULOTHRIX nahm freudig das Gelände an und begann sogleich mit tiefer Nase zu suchen. Schnell hatte er den ersten Dummy gefunden. Vorbeikommende Jogger störten ihn nicht, auch das schon in der Ferne deutlich vernehmbare Klack-Klack der Nordic Walker ließ ihn nicht in seinem Tun innehalten. Gut sah's aus, fand ich und schickte ihn drittmalig ins Suchengebiet.

Doch was dann geschah, ließ mich erzittern. Ulothrix, nichts ahnend, war dabei, einen Dummy aus dem Geäst zu ziehen, als von rechts im schnellen Galopp ein Reh auf ihn zu stürmte. Abbremsen sah ich es nicht, eine leichte Körperdrehung war zu vernehmen, ein Trommelwirbel der Rehhinterläufe fuhr auf den verdutzten Ulothrix hernieder und schon befand sich das Reh wieder am rechten Rand unseres Suchengebietes. Ulothrix, mit dem Dummy im Fang, war für Sekunden erstarrt, die Welt stand für ihn still.

Tollwut – war mein erster Gedanke! Das Reh beobachtete uns aufmerksam, bei einer Bewegung von Ulothrix zog es sofort wieder in seine Richtung, groß aufgestellt, deutlich spürbar die Bereitschaft zum nächsten Angriff.

Ulothrix Erstarrung löste sich langsam, er spürte, ein ruhiger Rückzug zu mir war die beste Entscheidung für ihn. Bei genauer Betrachtung des Rehs, aus sicherem Abstand mit Ulothrix an meiner Seite, sah ich dann das angeschwollene Gesäuge! Es musste wohl ein Kitz des Rehs ganz in der Nähe abgelegt sein, das den unerwarteten, bedingungslosen Einsatz des Muttertiers erklärte. Wir traten ruhig, doch noch mit leicht zittrigen Knien unseren Rückweg zum nahen Parkplatz an.

Am anderen Tag, im Brauchbarkeitskurs, stellte ich dann zögernd die Frage, ob jemand je ein so wehrhaftes Reh erlebt oder davon gelesen hätte. Prompt kam die Bestätigung eines Jagdkollegen.

Er hatte dieses Verhalten bei einem Ansitz vor Jahren erlebt, als eine führende Ricke im wahrsten Sinne des Wortes einen Fuchs verprügelte. Ulothrix holte einige Tage später die noch fehlenden drei Dummys aus dem Suchengelände. Anfänglich waren seine Schritte zögerlich, immer wieder mit einem sichernden Blick in die besagte Richtung, aus der die *Furie* nahte. Zum Glück blieb sie uns an dem Tag erspart, alle Dummys fanden den Weg zurück in meine Tasche und Ulothrix seine Freude bei der Suche .

Annette Weingärtner mit Golden-Hündin Alessia

DER STILLE SEE IM WALD

ALESSIA liebt Wasser über alles. Es gibt kein Wasser auf diesem blauen Planeten, das zu tief, zu schmutzig oder zu flach wäre. An einem unserer Trainingstage beschlossen meine Trainerin und ich, in den Wald zu gehen und eine Suche auszulegen. Als ALESSIA und ich zum Suchengebiet kamen, sah ich sofort den kleinen See, der daneben lag. Ich war mir sicher, dass mein Goldstück den direkten Weg Richtung See einschlagen würde, doch meine Trainerin versuchte mich zu beruhigen: „Jetzt lass sie doch erst einmal suchen, und dann werden wir schon sehen."

So stellte ich mich mit ALESSIA vor das Suchengebiet, hinter uns lag verheißungsvoll der See. Ich schickte die Hündin in die Suche und sofort nahm sie die Anweisung an und verschwand im Wald. Sie suchte konzentriert und schnell fand sie ein Dummy und kam zielstrebig wieder auf mich zu.

Ich freute mich riesig, hatte ich doch etwas anderes erwartet. Doch bereits zwei Sekunden später blieb mir schier das Herz stehen, denn die kleine Wasserratte rannte an mir vorbei, direkt auf den See zu. Das Dummy immer noch im Fang. Fassungslos sahen wir zu, wie ALESSIA das Dummy sorgsam am Ufer des Sees ablegte und im Wasser verschwand. Sie schwamm einen kleinen Kreis, kehrte zum Ufer zurück, nahm das Dummy auf und brachte es perfekt zu mir zurück.

„Was war das denn?", rief meine Trainerin, „so etwas habe ich ja noch nie erlebt! Sie weiß genau, was sie tun soll. Doch dem Wasser kann sie wohl einfach nicht widerstehen."

Pitschnass arbeitete sie dann wieder konzentriert in der Suche weiter. Und ich weiß jetzt, dass ich ALESSIA vor einer Aufgabe am Wasser einfach kurz schwimmen lassen muss, dann kann nichts passieren. Wahrscheinlich war sie in ihrem vorherigen Leben ein Fisch! 🐕

Ina Bertholdt mit den Labradors Cobie, Indi und Bellamira

DAS LACHSBRÖTCHEN

Was liegt so spät in der Küche auf dem Tisch?
Es ist ein Brötchen mit leckerem Fisch!

Es liegt am Rande, alleine, arm,
Dampf steigt auf – es ist noch warm.

--

Mein Hund, nimm das Starren aus deinem Gesicht!
Aber Herrchen, siehst du denn das Lachsbrötchen nicht?

Das Brötchen mit Lachs, Salat und Ei?
Mein Freund, Remoulade ist auch noch dabei.

--

„Du lieber Labrador, komm, nimm dich mir!
Eine schöne Mahlzeit beschenk ich dir;

manch seltener Geschmack ist durch mich vereint,
viele Gaumen haben schon Freude darüber geweint."

--

Mein Herrchen, mein Herrchen und hörest du nicht,
was das Lachsbrötchen mir leise zuspricht?

Sei ruhig, bleib ruhig mein treuer Gesell;
das Küchenradio trübt dein Trommelfell.

„Willst, hungriger Retriever, du nicht zum Kühlschrank gehn?
Meine Brüder und Schwestern wirst du dort sehn;
sie stehen dort drin und warten auf deine Person,

und hoffen nichts mehr als auf eine Fusion.“

— —

Mein Herrchen, mein Herrchen, und riechst du nicht dort,

Lachsbrötchens Geschwister am düsteren Ort?

Mein Hund, mein Labbi, ich weiß es genau:
Dort gibt es weitere Fischbrötchen auf einem Teller so blau.

— —

„Zier dich nicht länger, du magere Gestalt;

Friss mich endlich, sonst gebrauch ich Gewalt!“

Mein Herrchen, mein Herrchen, sei nicht böse, es war nicht mein Plan,
ich hab dem Lachsbrötchen gezwungenermaßen schreckliches Leid angetan!

— —

Dem Hundefreund grauset's; er ahnet es schon:

Es kam zur spontanen Labrador-Lachsbrötchen-Fusion.

Er dreht sich um und sieht ohne Müh und Not:
Das Lachsbrötchen im Maul des Labradors – es war bereits tot.

* Tatjana Cordts mit Toller-Hündin Blue

JUHU, ICH HABE WESEN ...

Heute war vielleicht ein komischer Tag. Mein Zweibeiner fuhr mit mir los – ganz ohne Dummy-weste und Dummys. Das fand ich erst ziemlich blöd. Aber gut, während sie sich mit anderen Hunden amüsierte und ich im Auto warten musste – *Skandal* –, schlief ich noch eine Runde. Zwischendurch ging sie mit mir und einer anderen Hündin kurz spazieren, und dann kam ich endlich an die Reihe.

Ein Mann kam auf mich zu und hielt etwas in der Hand – Frauchen sagte ein Chiplesegerät – ich sage ein Spielzeug! Also habe ich den Mann direkt mal angespielt. Er war total begeistert und spielte mit!

Und dann haben wir beide erst einmal ordentlich gespielt und alle Zweibeiner, die zusahen, haben herzhaft gelacht. Danach wurden Frauchen langweilige Fragen gestellt, aber das Warten war vollkommen okay, denn der andere Richter steckte mir hinter Frauchens Rücken Kuchen zu – *jamjam*. Dann hieß es Leine ab und ich bin weggefetzt, endlich rennen. Frauchen wusste aber nicht so recht, wo sie hin wollte, also ließ ich sie nicht aus den Augen – wenn auch aus der Ferne – nicht, dass sie sich noch verläuft.

Nachdem sie dann planlos zickzack gelaufen ist und ich im Bogen immer hinterher, kamen die anderen Zweibeiner hinzu und begannen, ebenso planlos umherzulaufen. Ich bin dann gleich mal Lage checken und ab zum Kuchenspendierer, hab mich mit Fußlaufen eingeschleimt und glatt noch ´nen Krümel ergattert.

Nun durfte ich Ballspielen – was für ein toller Tag! Frauchen warf den Ball, ich fetzte hinterher und, wie es sich für einen Retriever gehört, hab ich dann flugs zugesehen, dass der Ball zurück zu Frauchen kommt. Auch die anderen Menschen wollten spielen – das war ein Spaß!

_ _ *Nur für echte Persönlichkeiten!*

Auf dem anschließenden Spaziergang fielen Schüsse. Doch egal wie schnell ich zum Schützen hin bin und wie ausdauernd ich nach dem Dummy suchte – es war nichts zu finden. Ich glaube, der hat das Dummy nicht getroffen!

Aber es ging auch gleich weiter – ich wurde noch auf die Seite gelegt und musste in einen Kreis aus Menschen. Kein Plan, was das sollte, aber gut, wenn die das Spiel spielen wollen, spiel ich mit – für uns Retriever Ehrensache. Danach sind wir wieder spazieren gegangen und das war dann richtig toll, denn dort gab es einen Spielplatz aus Flatterband und Raschelfolie und ein bisschen Lärm haben die Zweibeiner auch noch gemacht, ich glaube, die wollten mich anfeuern. Nur dass ich den Scheppersack und den Riesenteddy nicht apportieren und Frauchen bringen durfte – das fand ich blöd.

Ich bin dann noch in ein Schlammloch gehüpft und wollte noch einmal nach Kuchen fragen – aber der Zweibeiner lachte nur und rief: „Ah! Bleib weg du Matschhund." Dann schaute er Frauchen und die anderen an und sagte: „Wir müssen noch mal ein Zergelspiel mit Fremdperson machen!" Und die Zweibeiner tauschten verschwörerische Blicke aus und lachten.

„Wir brauchen noch ein Zergelspiel!", rief er dann den anderen Zweibeinern zu und sofort fand sich ein junger Mann, der unbedingt mit mir spielen wollte.
Er rief mich und ich rannte im Vollspeed die Koppel hinauf. Kurz bevor ich ankam und er mich ansah, rief er jedoch nicht mehr „Blue – kooommm!", sondern „NEEEEEIN!" und wieder grölte alles ... Versteh ich nicht, erst will er spielen und dann nicht mehr? Dann wurde es mir doch recht langweilig: Die Zweibeiner quatschten etwas von „Blue hat ein Wesen" und ich musste zurück ins Auto. Wie auch immer ihr das nennt. Für mich war es ein toller Tag mit einer Menge Spaß und vielen neuen Freunden.

* Mareile Belajow mit Labrador-Rüde Buddy

BUDDY

BUDDY ist unser erster Hund und man macht wohl einiges nicht ganz richtig. Aber wollen wir das wahrhaben? So begrüßen wir ihn zum Beispiel, wenn wir nach Hause kommen. Und die Freude, die er uns entgegenbringt, wenn wir das Haus betreten, ist riesig.

Schnell stellte sich heraus: Gib dem Hund etwas ins Maul, was er tragen kann, so springt er nicht an einem hoch, sondern läuft schnaufend um einen herum. Und so läuft es dann auch immer ab.

Ich komme nach Hause, BUDDY setzt sich schwanzwedelnd vor mich hin und ich gebe ihm meinen Schlüssel ins Maul, an dem ein Mini-Dummy hängt. Jetzt kann ich in Ruhe Schuhe und Jacke ausziehen. Nun war es mal wieder so weit und Herrchen musste beruflich für ein paar Tage verreisen. So musste BUDDY mit mir alleine auskommen – geht auch, aber Chef fehlt trotzdem. Nach drei langen Tagen sind wir dann abends zum Flughafen gefahren, um Herrchen abzuholen. Wir sind natürlich etwas zu früh da und sitzen in der Wartehalle.

Auf der Anzeigetafel nun endlich die Mitteilung: Herrchen ist gelandet. Also stellen wir uns vor den Ausgang, um ihn zu begrüßen.

Mit einem „BUDDY, da ist Herrchen!" mache ich ihn aufmerksam und der Schwanz wedelt immer schneller und schneller. Herrchen und ich begrüßen uns und BUDDY springt vor Freude an uns hoch. Hm, nen Schlüssel haben wir nicht zur Hand. Was machen wir bloß? Und in dem Moment schnappt sich BUDDY den kleinen Koffer von Herrchen am Griff und trägt ihn durch die Wartehalle. In Sekundenschnelle hat er so die Aufmerksamkeit aller Anwesenden auf sich gezogen – eben typisch Labrador.

Doris Boidol mit Labrador-Rüden Elrond und Carlo

BRILLENSUCHE

Es ist jetzt schon einige Jahre her, da war ich mit Frauchen auf einem großen Stoppelfeld, auf dem wir ein bisschen *Voran* geübt haben. Weil ich alles so fein gemacht hatte, gab es zur Belohnung noch ein Ballspiel, bis meine Zweibeinerin meinte: „Jetzt aber ab nach Hause, da kommt gleich was runter!" Und gleich ging es auch schon los – Sturm und Wolkenbruch!

Frauchen kämpfte mit der Kapuze, sammelte Ball und Dummys ein und ab im Sauseschritt nach Hause. Plötzlich eine Vollbremsung und ein Aufschrei: „Meine Brille ist weg!"

Ihr müsst wissen, sie hat so ein superleichtes Luxusnasengestell, was ihr bei ungünstiger Kopfhaltung schon mal aus dem Gesicht fällt. Und nun war das kostbare Stück in den Weiten des Feldes verschwunden. Wir also schnell nach Hause, Ersatzbrille gesucht und Frauchen ist mit meinem großen Kumpel „CARLO, du musst suchen!" wieder losgesaust.

Schade! Ich hätte auch gerne mitgesucht. Nach einiger Zeit kamen beide klatschnass zurück, Frauchen war sauer und moserte mit dem Großen rum, dass seine Nase auch mal besser war.

Am nächsten Tag führte uns unsere morgendliche Pippirunde wieder an dem Feld vorbei. Ich stromerte so durch die Gegend, die Nase immer am Boden und plötzlich, genau vor mir, flitzte so ein kleines, braunes Felldummy los. Ich hinterher – darf ich eigentlich nicht, macht aber total viel Spaß. Im gleichen Moment hörte ich es schon pfeifen. Frauchen gönnt mir aber auch gar nichts! Schweren Herzens machte ich kehrt, denn sonst gibt es ordentlich Gemecker.

Auf dem Rückweg lag ein sonderbares Ding im Feld, was eigentlich gar nicht dahin gehörte. War das nicht Frauchens Brille? Ganz vorsichtig nahm ich das Teil und trabte stolz damit zurück zu meiner Fressnapffüllerin. Die war ganz aus dem Häuschen, knuddelte mich, dass mir beinahe die Ohren abfielen, und nannte mich den tollsten Suchenhund der Welt. Als wenn ich das nicht schon längst gewusst hätte!

Aber mal ganz ehrlich. Alle Retrieverkumpel dieser Erde werden mich verstehen: Noch viel lieber hätte ich Frauchen das hübsche Felldummy gebracht!

_ _ *Gefunden!*

Der **Hund** ist das **EINZIGE Lebewesen**

das uns MEHR liebt

als *wir* selbst.

- FRITZ VON UNRUH -

* Anke Suckert mit Labrador-Hündin Muffin

DER LABRADOR RETRIEVER

Die Rassebeschreibung und was wirklich dahintersteckt

Das äußere Erscheinungsbild

Der Labrador ist ein kräftig gebauter, mittelgroßer Hund mit breitem Kopf und deutlichem Stop. So weit, so gut. Der breite Kopf birgt Platz für ein unendliches Sammelsurium an dämlichen Ideen und ausgefeilten Plänen, die nächste Mahlzeit zu ergaunern. In erster Linie werden die Gedanken von einem einzigen, in leuchtenden Lettern gedruckten Wort beherrscht: Futter! Wie soll man sonst auch der Beschreibung *kräftig gebaut* nachkommen?

Ein rassetypisches Merkmal stellt die Otterrute dar: sehr dick am Ansatz, sich allmählich zur Rutenspitze hin verjüngend, rundherum mit kurzem dickem Fell bedeckt. Diese hier so nett beschriebene Otterrute ist täglich im Dauereinsatz und steckt voll ungeahnter Kräfte. Was so nett aussieht, führt schnell zu blauen Flecken. Wir empfehlen, vor Einzug des Labradors alle Tische auf eine vernünftige Höhe zu überprüfen. So eine Otterrute brachte schon so manchen Dingen das Fliegen bei, ohne sich groß um die Landung zu kümmern.

Auch das stockhaarige Haarkleid zeigt ein für diese Rasse typisches Erscheinungsbild: kurz, dicht, hart, nicht wellig, mit guter Unterwolle. Haben Sie schon einen Staubsauger? Ja? Prima! Gehen Sie los und kaufen Sie sich einen besseren! Bei dieser Gelegenheit wäre es angebracht, sich mit Staubsaugerbeuteln einzudecken. Mit ca. 52 Stück im Jahr sollten Sie ungefähr hinkommen. Machen Sie sich jedoch nicht zu viele Hoffnungen. Sie werden niemals Herr der Lage werden. Ihr neues Motto lautet ab Einzug des Labbis: "*Everything tastes better with a dog hair in it!*"

Die ideale Schulterhöhe beträgt für Rüden ca. 56 – 57 cm, für Hündinnen ca. 54 – 56 cm. Egal wie groß Ihr Labbi schlussendlich wird – er ist bis ans Ende seines Lebens der Meinung, auf Ihrem Schoß Platz zu haben. Nebenbei erwähnt, wird er immer wieder mit Freuden durch Ihre Beine laufen, ohne Rücksicht auf Ihre tatsächliche Körpergröße zu nehmen.

Der Labrador wird in den Farben Schwarz, Gelb und Braun gezüchtet.

Die Farben Schwarz und Braun haben den Vorteil, dass man den Dreck im Fell nicht sieht und sich leichter einreden kann, der Hund wäre sauber. Der Nachteil: Man stellt unter Umständen erst dann fest, wie dreckig der Hund tatsächlich war, wenn man den großen, braunen Fleck auf der Bettdecke/dem Sofa entdeckt. Bei der Farbe Gelb bleiben einem die o.g. bösen Überraschungen erspart. Man gewöhnt sich sicher mit der Zeit an den Anblick des eingeschlammten Bauches und der Beine.

Das Wesen eines Labrador Retrievers:

Der Labrador ist ein aktiver und arbeitsfreudiger Hund.

Sie werden viel Zeit an der frischen Luft verbringen und Ihre Ausdauer trainieren. Verabschieden Sie sich von Ihrem langweiligen Leben und entschuldigen Sie sich schon mal vorab bei Ihrer Wohnungseinrichtung für die Vernachlässigung.

Er liebt Menschen, besonders Kinder.

Es wird Sie viel Zeit und Geduld kosten, diese Eigenschaft halbwegs unter Kontrolle zu halten. Denn der Labrador liebt sie alle! Ob nun Freunde oder Fremde. Völlig egal. Üben Sie sich in Entschuldigungen für begeistertes Anspringen und huldvolles Abschlecken. Ein Labrador kann nur schwer mit Ablehnung umgehen, und es ist ihm völlig unverständlich, dass nicht jeder von seiner grenzenlosen Zuneigung begeistert ist. Er wird es deshalb immer und immer wieder versuchen!

Der Labrador möchte seinem Besitzer gefallen. Engländer nennen diese Eigenschaft *Will to please*.

Manche Labradors haben stattdessen einen ausgeprägten *Will to please myself*.

Den Labrador zeichnet vor allem seine enorme Wasserfreudigkeit und sein ausgeprägter Apportiertrieb aus.

Dieser Satz bedarf einer Aufsplittung. Reden wir zuerst über die *enorme Wasserfreudigkeit*. Die Untertreibung des Jahrhunderts! Die Bezeichnung Wasser legt ein Labrador für sich selbst ganz anders aus, als unsereins es tun würde. Für einen Labrador fällt darunter alles, was auch nur annähernd Wasser enthält – zum Beispiel Matsch oder Schlamm. Es ist dem Labrador völlig

Banane, ob es sich um einen reißenden Fluss, ein kleines Bächlein, einen See oder eine Mini-Pfütze handelt. Wichtig ist nur, dass es möglichst schnell und großflächig über den Körper verteilt werden kann. Idealerweise kann man darin schwimmen. Das ist aber nicht zwingend nötig.

Somit erklären sich hier die Vorteile der Farben Schwarz und Braun. Ihr Hund wird mehr als die Hälfte seines Lebens nass oder dreckig sein – eigentlich eher nass *und* dreckig. Kaufen Sie sich viele Handtücher. Sie werden ständig mehrere davon in Gebrauch haben.

Was erwähnt werden sollte. Sie werden ebenfalls künftig meist nass und dreckig vom Spaziergang nach Hause kommen. Wieso? Schon vergessen? Der Labrador liebt Menschen!

Ausgeprägter Apportiertrieb

Sprechen wir im Anschluss über den ausgeprägten Apportiertrieb. Räumen Sie alles weg, was Sie vor Hundesabber schützen möchten. Insbesondere: Schuhe, Socken, Unterwäsche, Spielzeug der Kinder, Fernbedienung, Handy, Brille, Kissen, Haargummis etc. Sie werden erstaunt sein, für wie viele Dinge sich Ihr Labrador begeistern kann.

Kaufen Sie sich viele kleine, grüne Säckchen – sogenannte Dummys – und üben Sie das Werfen erst einmal ohne Hund. Versuchen Sie, möglichst wenige Menschen damit zu erschlagen und das Dummy eher nach vorne als nach oben zu werfen. Trösten Sie sich, ein bisschen Verlust hat man immer!

Sind Sie nach diesen Erläuterungen immer noch bereit für das Abenteuer Labrador? Wenn ja: Herzlichen Glückwunsch! Sie haben die richtige Entscheidung getroffen!

_ _ Abenteuer Retriever!

Silvia Vielhauer mit Labrador-Rüde Bruno

AUF HÜHNERJAGD

Seit Mai haben wir einen eigenen Hühnerstall mit Auslauf, mehrere Hennen und unseren stolzen Hahn Hermann. Im August kam ein Freund vorbei und brachte mir Eier, um diese unter die Henne zu legen. Gesagt, getan, vier Küken schlüpften, aus einem der Küken wurde ein Hahn... Fatal, denn es gibt in einer Hühnerschar immer nur einen Hahn!

Nun ist er drei Monate alt und seit zwei Tagen kräht dieser Zwerghahn und tritt die Hühner, eines nach dem anderen... Gerade mal flügge und schon Dummheiten im Kopf, der Kerl. Gestern war es dann soweit, dem HERMANN wurde es zu bunt. Wir kamen gegen 16 Uhr nach Hause und ich wollte noch schnell die Pferde von der Koppel holen.

Da sah ich mit großem Getöse den kleinen Hahn Joseph über das Hühnerhaus fliegen und ab in den Wald.

Ich brachte die Pferde schnell in den Stall, schaute dann nochmals ins Gehege, nichts. Mein Mann KARL ging mit BRUNO in den Wald und schickte den Labrador in die Suche. Doch ohne Erfolg, von Hahn JOSEPH fehlte jede Spur. Bald war es so dunkel, dass er die Suche abbrach.

Am späten Abend, so gegen 21 Uhr, wurde BRUNO nervös und stand wie angewurzelt an der Tür. Wir dachten, er müsste sein Geschäft machen und ließen ihn raus. BRUNO blieb ungewöhnlich lange draußen, so dass wir ihn schließlich wieder ins Haus holten. Dort blieb er erneut an der Tür stehen und rührte sich nicht mehr vom Fleck.

Da zog ich mir meine dicken Klamotten und die Gummistiefel an, legte die Pfeife um den Hals, nahm Taschenlampe und Leine in die Hand, schnappte mir BRUNO und ging mit ihm zum Waldrand. Dort schickte ich ihn erneut in die Suche und nach fünf Minuten hörte ich ein Geräusch, als hätte er einen Vogel aufgescheucht. Ich pfiff ihn sofort zurück und leuchtete mit der

Taschenlampe über die Matschwiese – nichts! Okay, dachte ich mir, er hat es ja gelernt … habe BRUNO also brav neben mich gesetzt und leise SUCH APPORT gesagt … Wow, da hat der Kerl die komplette Wiese abgesucht und brachte mir etwas im Fang zurück.

Ganz vorsichtig habe ich es ihm abgenommen und mit der Taschen-lampe angeleuchtet. Etwas nass und zerknautscht, jedoch quickleben-dig, lag der kleine Joseph in meiner Hand.

Wir brachten ihn dann zurück zu seinen Mädels in den Stall, wo er sich kurz geschüttelt hat und dann auf seiner Stange einschlief. Am nächsten Morgen wurde JOSEPH abgeholt; er bekam in der Nachbarschaft seine eigene Hühnerschar mit drei Damen für sich ganz alleine. Und mit einem Netz über dem Auslauf, sodass er nicht mehr abhauen konnte. 🐕

* Tatjana Cordts mit Toller-Hündin Blue

EIN GANZ BESONDERES PARFUM

Wisst Ihr, Ihr Zweibeiner seid manchmal echt sonderbar … Es ist gar nicht lange her, da waren mein Zweibeiner und ich wieder spazieren – es war ein richtig schöner Abend, die Sonne ging langsam wie ein großer Feuerball unter und die Wiese lud zum Hin- und Herflitzen ein. Alles war beinahe perfekt, und dass Frauchen etwas langsam hinter mir hertrödelte, störte überhaupt nicht.

Es fehlte nur noch eines, um mein Glück perfekt zu machen … das richtige Parfum für den Hund von heute! Und dann roch ich es: Ein wunderbar exquisiter Hundedamenduft!

Ihr müsst wissen, dass wir Hunde nicht einfach in eines dieser sogenannten Kaufhäuser gehen können, um uns einen erlesenen Duft auszusuchen, so wie Frauchen es immer macht. Nein – wir müssen suchen und suchen und suchen. Bis wir eines Tages Glück haben und einen verlockenden Quell der Düfte entdecken.

Und heute hatte ich tatsächlich Glück! Einige Fliegen hatten den Schatz bereits entdeckt und brummten vergnügt umher.

„Platz da! Hier komme ich", bellte ich und konnte mein Glück kaum fassen – ein riesiger Haufen herrlich duftender Pferdemist! Mit einem Satz war ich mittendrin, ordentlich herumgesuhlt – man muss ja darauf achten, dass wirklich jeder Zipfel des Fells von diesem betörenden

Duft etwas abbekommt – und fertig war ich. Unheimlich stolz flitze ich zu Frauchen, die mein Treiben aus der Ferne beobachtet hatte und immer panischer in ihre Pfeife trällerte. Sie hatte wahrscheinlich Angst, dass sie selbst nichts mehr abbekommen würde, denn sie lief mir schon in großen Schritten entgegen, das Gesicht wurde immer länger, als sie mich sah.

„Ihhh! Was hast Du nur gemacht!", rief sie und schaute mich böse an. Nanu? Was war denn nun los? Ich fand ihr Benehmen recht sonderbar. Warum war sie nur so böse?

Und dann fiel es mir wie Schuppen von den Augen: Frauchen war bestimmt sauer, dass ich jetzt so toll duftete und sie nicht. Schließlich wollte sie nur noch schnell eine Runde mit mir gehen und dann chic mit ihrer Freundin Essen gehen. Und nun fehlte auch ihr noch das passende Parfum für einen tollen Abend. Na, das wäre doch gelacht, wenn einem Retriever hier nicht gleich etwas einfallen würde und zack – schüttelte ich mich ausgiebig vom Kopf bis zur Schwanzspitze.

Eine große Ladung Wasser mit gelöstem Pferdemist verteilte sich über Frauchens Hose und Jacke. Ja, so war es richtig: Nun duftete auch Frauchen herrlich. Doch statt des mehr als gerechtfertigten Leckerchens verzog sie nur noch weiter das Gesicht und stampfte zeternd mit mir nach Hause. Tzzz, könnt Ihr Euch solch eine Undankbarkeit vorstellen?

__ *Schlammbäder sind einfach wundervoll.*

*Susanne Pappenheim mit Labrador-Rüde Rocco

ROCCO, DER HÜHNERDIEB

Also, ich habe mir an diesem wunderschönen Nachmittag gedacht, du könntest ja mal zur Entspannung vom anstrengenden Tag mit dem Hund zur Wiese rübergehen und ein paar Bälle werfen. Habe also ROCCO geschnappt, Geschirr an, Ball in die Schnauze und los. Der Hund lief natürlich erhobenen Hauptes zur Wiese, bog ein und …

Ich hab mir nichts dabei gedacht, hörte nur noch die Hühner gackern und die Nachbarin daraufhin schreien.

An diesem Tag hatte ich ROCCO ohne Leine laufen lassen. Ich muss dazu sagen, dass ich den Hund sonst immer erst direkt auf der Wiese ableine, eben wegen der Hühner. Aber ROCCO hatte einen guten Tag und er hatte am Mittag super im Freilauf gehorcht und kam immer zurück. So dachte ich mir: Gehst heute mal ohne Leine rüber. Das klappt schon!

Ich habe meine Beine in die Hand genommen und bin die letzten Meter zur Wiese gerannt. Und da stand er, mit einem weißen Huhn im Fang und wedelte mit dem Schwanz. Die Nachbarin schrie immer nur: „Mein Huhn, mein Huhn! Jetzt hat er mein Huhn …"

Ich lief freudig zu meinem Hund, jedoch mit geballter Faust in der Tasche und ´nem Stein im Magen: „Fein, ROCCO, bring!" Mittlerweile hatte bereits die nächste Nachbarin ihre Arbeit des Wäscheaufhängens unterbrochen und rief: „Jetzt hockt die sich auch noch hin und ruft fein!"

ROCCO hatte mitbekommen, dass er sein neues Spielzeug abgeben sollte, und lief an mir vorbei. Ich rannte in die entgegengesetzte Richtung, hockte mich wieder hin und ratterte erneut meinen Satz, diesmal mit mehr Wut in der Stimme. Die Nachbarn um mich herum wurden immer aufgeregter: „Ja macht denn keiner was? Der Hund gehört an die Leine. Jetzt zerbeißt er es. Mein Huhn! Jetzt läuft sie auch noch weg, warum greift sich keiner den Hund?" Da rannte

_ _ *Auf Entenjagd!*

ich nur noch auf ROCCO zu und knurrte aus. *AUS. AUS – AUS – AUS.* Immer wieder. Ja, und das war die Aufforderung zum Spielen! ROCCO rannte mittlerweile schon zum vierten Nachbarn, der ihm die Hand hinhielt, um die Beute abzunehmen. Doch er schoss an ihm vorbei, Richtung Zuhause. Ich parallel hinterher, rein in den Garten, Hund hinter mir her und an mir vorbei, Tor zugeknallt.

Außer Puste, mit wund gelaufenen Füßen und tierischem Hass auf Hund, kam Rocco ganz freudig zu mir und gab mir das Huhn in die Hand!

Es lebte noch. Kann also sagen, er hat einen weichen Fang. Habe dem Huhn alle Federn gerichtet, ROCCO noch einmal schnuppern lassen und es dann der Nachbarin zurückgebracht. Jetzt ist ROCCO in der Nachbarschaft der *Hühnerdieb*, doch das Verhältnis zu den Nachbarn ist nicht gestört. Bis zum Frühjahr sind die Hühner zum Glück im Stall. Dann sehen wir weiter.

 **CARSTEN SCHRÖDER**
und seine Labrador Retriever

 VERENA BEGEMANN MIT LEO
Designerin & Hundeliebhaber

DIE AUTOREN ~

Nach dem Erfolgsbuch „Engelchen und Bengelchen" ist der Wunsch aufgekommen, erneut Geschichten über Retriever zu sammeln. Ganz im Sinne der Gebrüder Grimm, nur dass hier wahre Begebenheiten verfasst wurden. Erlebnisse, die auch jeder von uns schon in der Vergangenheit machen durfte.

Carsten Schröder

Neben dem Sammeln von Geschichten, führt CARSTEN SCHRÖDER seit über 20 Jahren Labrador Retriever im In- und Ausland. Darüber hinaus bildet er Retriever und deren Besitzer aus und bietet eine Vielzahl von Seminaren an. Eine weitere Leidenschaft ist das Richten aller Retrieverrassen. Im Laufe der Jahre hat die Freude bei der Beurteilung des Miteinander von Hund und Mensch nicht nachgelassen, so dass er immer wieder gebeten wird, Prüfungen zu richten (Dummprüfungen, Workingtest, German Cup, Veteranen Cup und jagdliche Prüfungen). Seit 1993 züchtet er im DRC e. V. erfolgreich Labrador Retriever unter dem Zwingernamen LIGHT AND SHADOW'S.

 www.light-and-shadows-labrador.de

Verena Begemann

Eine wind- und wettererprobte Outdoor-Begeisterung, jede Menge Hund und ihr ausgewachsener Spaß an Geschichten überzeugten Verena Begemann schon beim ersten Mal, dem Buch ein Gesicht zu geben. Heute lebt und arbeitet die Designerin mit ihrer Familie und zwei Labradoren im Herzen Ostwestfalens.

 www.eyecon.de

ZUM WEITERLESEN ~

Bücher aus dem Kosmos-Verlag

ALLES ÜBER RETRIEVER

Becker-Tiggemann, Margitta &
Veronika Hofterheide:
Golden Retriever

Möller, Anja:
Das Kosmos Buch Labrador Retriever

Rauth-Widmann, Brigitte:
Labrador Retriever

ERZIEHUNG UND DUMMYTRAINING

von Norma Zvolsky

Retrieverschule für Welpen

Die Kosmos Retrieverschule

Trainingsbuch für Retriever
(Begleitbuch für unterwegs)

BESCHÄFTIGUNG

Grunow, Alexandra & Rovena Langkau:
Mantrailing

Doepp, Simone & Gabriele Metz:
Trick Dogs

KLEINE HUNDEBIBLIOTHEK

Schmidt-Röger, Heike:
Familienhunde

Krämer, Eva-Maria:
Faszination Rassehunde

ERZIEHUNG

Führmann, Petra & Nicole Hoefs:
Das Kosmos-Erziehungsprogramm für
Hunde

Kitchenham, Kate:
Hundeglück. Gut erzogen, gut versorgt

Toll, Claudia:
Kommt nicht, gibt's nicht

ERNÄHRUNG UND GESUNDHEIT

Nadig, Alexandra:
Heilpflanzen für Hunde

Bucksch, Martin:
Praxishandbuch Hundekrankheiten

Rauth-Widmann, Brigitte:
1 x 1 der Rohfütterung

HUNDE VERSTEHEN

Bloch, Günther & Elli Radinger:
Wölfisch für Hundehalter

Feddersen-Petersen, Dorit:
Verhaltensentwicklung beim Hund

Handelman, Barbara:
Hundeverhalten

Kitchenham, Kate:
Wissen Hunde, dass sie Hunde sind?

Käufer, Mechthild:
Spielverhalten bei Hunden

Rauth-Widmann, Brigitte:
Die Sinne des Hundes

FÜR GEMÜTLICHE STUNDEN

Bloch, Günther & Peter Dettling:
Auge in Auge mit dem Wolf

Kreidler, Tatjana & Ulrike Eichin:
Der Hund an meiner Seite (VITA)

Hoefs, Nicole & Petra Führmann:
Was liest der Hund am Laternenpfahl?

Grunow, Alexandra & Rovena Langkau:
Spurensuche. K9 Mantrailer im Einsatz

NÜTZLICHE ADRESSEN ~

DEUTSCHER RETRIEVER CLUB (DRC)

Dörnhagener Straße 13
D – 34302 Guxhagen

TEL +49 (56 65) 185 90 90
FAX +49 (56 65) 17 18
MAIL office@drc.de

www.drc.de

GOLDEN RETRIEVER CLUB (GRC)

Lindenweg 52
D – 42781 Haan

TEL +49 (2104) 8 08 94 72
FAX +49 (2104) 8 08 94 73
MAIL buero-kuboth@grc.de

www.grc.de

LABRADOR RETRIEVER CLUB (LCD)

Overhagenweg 4
D – 48653 Coesfeld

TEL +49 (25 41) 926 09 74
FAX +49 (25 41) 926 09 75
MAIL office@lcd-labrador.de

www.labrador.de

ÖSTERREICHISCHER RETRIEVER CLUB (ÖRC)

Traunauweg 14
A – 4030 Linz

TEL +43 (6 99) 14 19 19 00
MAIL office@retrieverclub.at

www.retrieverclub.at

RETRIEVER CLUB DER SCHWEIZ (RCS)

Mitgliederdienst
Weiermatt, Bernstr. 33
CH – 3086 Zimmerwald

MAIL mitglieder@retriever.ch

www.retriever.ch

VITA E. V.
VEREIN FÜR ASSISTENZHUNDE

Beratungsstelle Raunheim
Simone Beckert
Gottfried-Keller-Straße 7
D – 65479 Raunheim

TEL +49 (61 42) 16 17 179
FAX +49 (61 42) 161 80 90
MAIL info@vita-assistenzhunde.de

www.vita-assistenzhunde.de

IMPRESSUM ~

BILDNACHWEIS

Mit 50 Farbfotos von

JAN BEGEMANN *3 Farbfotos » s:59 / s:98 / s:106*

TATJANA CORDTS www.animaadoos.de *1 Farbfoto » s:91*

SASCHA FOCK www.tierphotos.com *3 Farbfotos » s:59 / s:61 / s:62*

MARCUS JACOBS www.goja-foto.de *13 Farbfotos » s:6~7 / s:16~17 / s:24 / s:25 / s:27 / s:54 / s:57 / s:59 / s:61 / s:62 / s:66 / s:67 / s:114*

TATJANA KREIDLER www.vita-assistenzhunde.de *1 Farbfoto » s:49*

CLARISSA MEDICKE www.dogs-in-motion.at *6 Farbfotos » s:09 / s:20~21 / s:65 / s:81 / s:111 / s:118~119*

TANJA WIEGAND www.tanja-wiegand-fotografie.de *22 Farbfotos » s:02 / s:13 / s:29 / s:31 / s:34 / s:37 / s:39 / s:40 / s:45 / s:47 / s:53 / s:73 / s:73 / s:74 / s:77 / s:78 / s:79 / s:82 / s:88~89 / s:95 / s:102 / s:103 / s:105 / s:112~113*

ILLUSTRATIONEN

MAREIKE REIMERS www.arwenthepug.de
VERENA BEGEMANN www.eyecon.de

UMSCHLAGGESTALTUNG

VERENA BEGEMANN unter Verwendung eines Farbfotos von SIMON WRIGGLESWORTH www.shutterstock.com

Unser gesamtes Programm finden Sie unter **kosmos.de.**
Über Neuigkeiten informieren Sie regelmäßig unsere
Newsletter, einfach anmelden unter **kosmos.de/newsletter**

Gedruckt auf chlorfrei gebleichtem Papier

© 2014, Franckh-Kosmos Verlags-GmbH & Co. KG, Stuttgart.
Alle Rechte vorbehalten
ISBN 978-3-440-14023-9
Redaktion HILKE HEINEMANN
Buch- und Gestaltungskonzept VERENA BEGEMANN www.eyecon.de
Gestaltung und Satz VERENA BEGEMANN www.eyecon.de
Produktion EVA SCHMIDT
Printed in Slovenia / Imprimé en Slovénie